我
们
一
起
解
决
问
题

DeepSeek
高效提问指南

提出好问题，才有好答案

马超◎编著

人民邮电出版社

北　京

图书在版编目（CIP）数据

DeepSeek 高效提问指南 ：提出好问题，才有好答案 / 马超编著． -- 北京 ： 人民邮电出版社， 2025． -- ISBN 978-7-115-67091-5

Ⅰ．TP18-62

中国国家版本馆 CIP 数据核字第 20250H2Q11 号

内 容 提 要

如今，以 DeepSeek 为代表的 AI 工具迅速崛起，深刻地改变了人类获取与处理信息的方式。但在应用 DeepSeek 的过程中，很多人发现，向 DeepSeek 提出问题后，得到的回复往往不尽如人意，或是过于宽泛、缺乏针对性，或是未能切中要点、不能解决实际问题。导致这一问题的根本原因是，提问者缺乏有效的提问技巧，无法精准引导 AI 发挥强大的运算与分析能力。

《DeepSeek 高效提问指南》正是针对这一痛点，构建了一套全面、系统的提问策略体系，旨在帮助读者提升与 DeepSeek 的交互能力，掌握提问技巧，高效获取信息，解决工作、生活、学习中的难题。本书共 12 章内容，在解决了"怎么问，DeepSeek 才能回答得好"这一基本问题后，分别介绍了请求检索查询推荐、请求解释描述说明、请求步骤程序流程、请求创意创作创建、请求归纳演绎总结、请求补充举例论证、请求润色提炼优化、请求校阅检查审查、请求比较分析评判、请求建议预测指导、请求教育培训辅导等 11 个工作、生活、学习常见领域，以及 88 个常见提问场景的提问策略。作者详细拆解了每个场景的提问需求，分别从关键词、句式模板和提问案例入手，帮助读者在面对各种复杂问题时，找到合适的提问方法，从 DeepSeek 中获取满意答案。

本书适合学生、教师、职场人士、AI 工具使用者阅读和参考。

◆ 编 著 马 超
　　责任编辑 贾淑艳
　　责任印制 彭志环

◆ 人民邮电出版社出版发行　　北京市丰台区成寿寺路 11 号
　　邮编 100164　　电子邮件 315@ptpress.com.cn
　　网址 https://www.ptpress.com.cn
　　北京鑫丰华彩印有限公司印刷

◆ 开本：880×1230　1/32
　　印张：11.25　　　　　　　　2025 年 5 月第 1 版
　　字数：260 千字　　　　　　 2025 年 5 月北京第 1 次印刷

定　价：59.80 元

读者服务热线：（010）81055656　印装质量热线：（010）81055316
反盗版热线：（010）81055315

在这个答案触手可得的时代，**能否提出一个好问题，往往比获得答案更重要，提问的能力正在成为最稀缺的资源**。真正决定答案质量的，永远是问题的质量。一个精准的问题，能穿透表象，直达本质；而一个模糊的问题，只会带来更多困惑。然而，许多人并未意识到提问本身是一门需要刻意练习的艺术与科学，**在 AI 时代，"提问能力"变成了一种每个人都需要拥有的能力，成了 AI 时代的通用能力**。

这本书的独特价值在于它将**抽象的"提问能力"具象化、场景化、任务化**，从而转化为可操作、可复用的方法论。作者系统梳理了 88 个场景化句式模板：**将高手的思维模式拆解成普通人能即刻上手的工具**。无论是工作、生活还是学习，读者都能像查阅**"提问词典"**一样，快速找到契合相应场景的**关键词与句式框架**。

本书内容有三大显著特点。

1. 场景颗粒度精细：作者不是泛泛而谈"如何提问"，而是区分了工作、生活、学习等具体情境，甚至细到"每一个定语""每一个补充"等微观场景。

2. 提问句式关键词化：作者将提问句式关键词化，通过不同关键词的组合，定位场景与问题，提高提问效率、提升提问效果，解决不同问题。

3. 提问模板结构化： 书中每个提问句式都暗含心理学原理，能有效突破表面问题，激活创造性思维。

尤为难得的是，这些模板绝非教条。作者通过大量案例示范如何根据对象身份、沟通目标、不同场景等因素灵活调整提问策略。当读者熟练掌握后，甚至能根据自己所在的行业和工作特点发展出自己独特的提问风格——这正体现了本书的深层意图：**提供脚手架，而非束缚思维**。本书不仅是一本关于提问技巧的工具书，更是一本关于 AI 时代如何深度思考和获取智慧的实用指南。

在人工智能逐渐替代重复性工作的未来，**提出真问题的能力将成为人类的核心竞争力**。这本书像一位随时待命的提问教练，无论你是需要精准获取信息的职场人士，渴望激发学生思考的教师，还是希望提升认知深度的终身学习者，都能从中获得持续增值的沟通资产。

建议读者以"用—改—创"三个阶段实践：先严格套用模板适应节奏，再调整措辞融入个人风格，最终超越模板形成直觉。相信当你读完最后一页内容时，收获的不仅是一套技术，更是一种全新的思维穿透力。

郑吉敏

去哪儿旅行技术总监、
业务架构 SIG 负责人，
人工智能委员会常委

在 AI 技术重塑信息交互方式的今天，**提问能力已从普通技能跃升为数字时代的核心竞争力。**

首先，当 GPT-4 每天处理 45 亿字的训练数据，当搜索引擎索引的网页突破 1300 亿页，人类首次面临知识获取的悖论。

1. 数据丰裕陷阱：99% 的无效信息淹没了 1% 的有效知识，精准提问成为穿透噪声的"认知滤网"。

2. 智能依赖困境：过度依赖 AI 的答案生成，导致人类逐渐丧失自主思考的"思维肌肉"。

3. 认知带宽战争：人脑日均接收的信息量相当于 174 份报纸，优质提问是避免认知超载的流量控制器。

其次，在 AI 持续进化的压力下，人类正在经历认知能力的物种分化。

1. 初级提问者：停留在"是什么"的层面，成为算法推荐的被动接受者。

2. 进阶提问者：掌握"为什么 + 怎么做"的组合技能，开始构建人机协同的增强智能。

3. 顶级提问者：擅长提出"元问题"（Meta-question），如用"现有技术路线是否存在范式盲区"替代"哪个方案更好"。

这种分化正在创造新的社会分层——**提问质量决定个人获取 AI 红利的阈值，就像航海时代驾驭风浪的能力决定文明兴衰。**

当 GPT-5 的参数突破百万亿级时，真正稀缺的不是答案的搬运工，而是能精准叩击知识边界的"提问设计师"。这不仅是技术演进的选择，更是人类在智能共生时代保持认知主权的生存法则。

最后，在 AI 成为"数字外脑"的协作生态中，提问能力的实质是思维界面的编程语言。

1. 精确制导系统：模糊问题获得"可能相关"的答案，精准提问触发 AI 的定向知识挖掘。

2. 认知放大器：结构化提问能调用 AI 的跨领域知识图谱。

3. 价值校验器：通过连续追问建立逻辑验证链。

正是基于以上的认知，我们编写了这本 DeepSeek 提问指南书，本书聚焦十一大应用主题，涵盖从信息检索到创意生成，从逻辑分析到实践指导的方方面面。无论是需要精准的数据查询，还是寻求灵感的迸发；无论是梳理复杂的流程步骤，还是优化表达的文字润色，读者都能在这本书里找到对应的提问策略。

本书的 88 个细分场景与 300 多个句式模板，如同工具箱中的精密器具，能助力读者在不同情境下精准发力，让提问的力量转化为答案的智慧。

由于时间仓促，以及 DeepSeek 应用领域的不断丰富，本书难免有不足之处，恳请广大读者指正，以便我们修订改进。

作者

2025 年 4 月

第9章 请求校阅检查审查

第10章 请求比较分析评判

第11章 请求建议预测指导

第 12 章　请求教育培训辅导

第 **1** 章

怎么问，DeepSeek 才能回答得好

1.1 DeepSeek 能做什么，如何提问

1.1.1 DeepSeek 能做什么

DeepSeek 作为人工智能领域的新兴力量，基于先进的语言模型和认知智能技术，为企业提供高效的 AI 解决方案。那么，对普通人来说，DeepSeek 到底能做什么？

1. 信息处理与分析

（1）文件阅读与解析

能够快速读取各种格式（如 TXT、PDF、Word、PPT、Excel、JPG 等）的文件并进行分析，同时可以提取和标识关键内容。除此之外，还可以对网页内容进行解析，并提取关键信息。

（2）长文本文件处理

可以进行长文本处理，包括修改内容、校对内容、补充内容、缩减内容、将内容分段、分析结构、提炼观点概要、生成摘要、提取关键信息、生成逻辑图、构建知识图谱等。

（3）多文档分析

可以同时上传处理多个文档，进行内容合并、内容汇总、内容整合、内容简化、提炼总结、生成摘要、编辑校对、对比分析内容等。

（4）信息检索与问答

可以让用户随时进行自己所需的信息查询检索，随时提问，获得答案。同时，也可以对生成的答案进行确认、判断和分析。

2. 内容创作与优化

（1）公文写作

帮助撰写计划、总结、通知、通告、公告、意见、函、报告、请示、会议纪要等公文，帮助起草、修改、校对和提供

模板。

（2）文案创作

帮助生成营销文案、广告文案、推广文案、宣传文案、公关文案、商务文案、脚本文案等，用户可以直接在小红书、抖音、小程序、微信等新媒体平台上发布这些文案；还可以帮助起草合同、撰写调研报告、撰写可行性分析报告等。

（3）文章论文创作

可以生成文章，帮助撰写论文，同时也可以帮助修改标题，撰写大纲，补充数据资料，增加案例内容，还可以帮助生成内容逻辑导图、提取摘要、分析结构、校对文稿、对内容进行查重等。

（4）诗歌音乐创作

可以进行诗歌、散文、音乐的创作，作词、作曲，还可以帮助我们修改诗歌、散文。

（5）PPT 内容与数字图表制作

虽然不能直接生成 PPT，但是可以生成用于 PPT 制作的内容，并通过和其他 AI 工具的结合，生成 PPT。

虽然不能直接生成 Excel 图表，但是可以直接生成文字图表。

3. 学术与研究辅助

（1）教育学习支持

可以推荐学习内容、解答题目、生成课件内容、生成大纲、生成教案、编写案例、辅导考试、答疑解惑。

（2）学术研究支持

可以快速读取文献，梳理文献脉络，总结研究观点和方法。可以帮助学术研究者快速掌握研究领域的现状，找出研究空白和热点问题，进行选题领域遴选、选题方向确定、选题报告撰写和大纲生成。

4. 编程与技术辅助

（1）代码生成

可以帮助程序人员根据需求生成特定编程语言的代码片段或完整代码。

（2）代码调试

可以帮助定位代码中的错误并提供解决方案。

（3）数据处理

可以进行数据清洗、数据转换、数据分析、数据挖掘和数据可视化。例如，自动识别和处理数据中的缺失值、检测并删除重复的数据记录、识别和处理数据中的异常值、将数据从一种格式转换为另一种格式、计算数据的描述性统计量、自动生成各种图表（如柱状图、折线图、饼图等）、对数据进行聚类分析，发现数据中的自然分组等。

5. 图片识别与翻译

（1）图片识别

可以提取图片中的数据、数字、文字并加以识别。

（2）语言翻译

可以翻译各种语言。

6. 生活规划与方案制作

（1）旅游规划

可以帮助我们进行旅游路线的规划，选择交通方式，进行费用预算和方案制定。

（2）投资理财建议

可以给出具体的投资理财建议，帮助我们制定投资理财规划。

（3）购物决策

可以给出具体的购物意见，帮助我们进行物品选择，助力我们进行决策。

（4）健康指导

可以对我们的健康管理进行指导，给出具体的建议和方案。

（5）装修建议

可以给出具体的装修建议和预算方案，帮助我们选择装修厂家、装修材料、装修风格。

（6）饮食指导

可以指导我们的饮食，帮助我们制定菜谱，提供个性化饮食解决方案。

综上，DeepSeek 可以帮助我们处理文本、生成文案、撰写方案、写作创作、检索信息、识别图文、翻译语言、生成代码、校验文字、处理数据、助力生活，辅助我们进行学习、工作、生活、科研、创作，答疑解惑，生成各种我们所需的内容，为我们提供意见、建议、规范、方案、文本和答案。

DeepSeek 是一个可以帮助我们完成各种任务的 AI 工具。与 DeepSeek 交互的方式是提问，提问力是用好 DeepSeek 的第一能力。DeepSeek 作为一个基于自然语言处理和人工智能技术的助手，其输出质量高度依赖于输入问题的清晰性、准确性和具体性。提问力决定了 DeepSeek 能否理解我们的需求，并给出高质量的回答。

1.1.2　向 DeepSeek 提问的 5 种方式

向 DeepSeek 提问的方式可以按目标、逻辑类型、问题结构、场景和深度分为 5 种类型和方式。

1. 按目标分类的提问方式

（1）获取事实： 指的是询问具体的事实、定义或数据。

示例：

- "什么是低空经济？"
- "DeepSeek 的主要功能有哪些？"

（2）寻求方法： 询问如何完成某项任务或解决某个问题。

示例：

- "如何用 Python 编写一个简单的爬虫程序？"
- "有哪些方法可以提高团队协作的效率？"

（3）获取建议： 要求提供建议或解决方案。

示例：

- "如何提高我的写作能力？"
- "中小企业如何通过 DeepSeek 提升竞争力？"

（4）探索可能性： 开放性问题，旨在激发思考或讨论。

示例：

- "人工智能未来的应用领域有哪些？"
- "如果机器人能够拥有和人类相似的情感和意识，是否应该赋予它们权利？"

2. 按逻辑类型分类的提问方式

（1）分析型提问： 要求对某个问题或现象进行分析。

示例：

- "为什么深度学习在自然语言处理中表现优异？"
- "人工智能对传统制造业的影响有哪些？"

（2）比较型提问： 要求比较两个或多个事物的异同。

示例：

- "机器学习和深度学习有什么区别？"
- "敏捷开发和瀑布开发各有什么优缺点？"

（3）**假设型提问**：基于假设情境提出问题。

示例：

- "如果人工智能完全取代人类工作，社会会变成什么样？"
- "如果减少碳排放，全球气温会如何变化？"

（4）**预测型提问**：询问未来可能发生的情况或趋势。

示例：

- "未来 10 年人工智能的发展趋势是什么？"
- "气候变化对全球经济会有什么影响？"

3. 按问题结构分类的提问方式

（1）**开放式提问**：问题没有固定答案，鼓励深入思考和多角度回答。

示例：

- "如何减少塑料污染对海洋生态的影响？"
- "如何设计一个公平公正的考核办法？"

（2）**封闭式提问**：问题有明确的答案，通常是"是/否"或具体事实。

示例：

- "DeepSeek 能处理长文本吗？"
- "2025 年全球人工智能市场规模能否超过 1600 亿美元？"

（3）**分步骤提问**：将复杂问题拆解为多个小问题，逐步深入。

示例：

- 第一步："什么是机器学习？"
- 第二步："机器学习的主要算法有哪些？"
- 第三步："如何选择适合的机器学习算法？"

（4）引导式提问：通过提问引导 DeepSeek 提供特定类型的回答。

示例：

- "请列出 5 个提高工作效率的工具，并简要说明其用途。"
- "能否针对中小企业提供更具体的数字化转型建议？"

4. 按场景分类的提问方式

（1）学习与研究：用于获取知识、理解概念或进行研究。

示例：

- "如何理解神经网络的反向传播算法？"
- "有哪些关于人工智能伦理的研究方向？"

（2）工作与效率：用于解决工作中的具体问题或提高效率。

示例：

- "如何优化产品研发管控流程？"
- "有哪些工具可以帮助我们将日常任务自动化？"

（3）创新与创意：用于激发创意或探索新思路。

示例：

- "如何设计一个更环保的包装方案？"
- "未来 10 年可能出现的颠覆性技术有哪些？"

（4）决策与规划：用于辅助决策或制订计划。

示例：

- "如何选择适合企业的 CRM 系统？"

- "未来 5 年人工智能在医疗领域的投资机会有哪些？"

5. 按深度分类的提问方式

（1）基础提问： 询问基本概念或简单事实。

示例：

- "什么是人工智能？"
- "Python 的主要用途是什么？"

（2）进阶提问： 询问更复杂的问题或深入的分析。

示例：

- "如何优化深度学习模型的训练速度？"
- "人工智能在金融风控中的应用有哪些挑战？"

（3）综合提问： 结合多个领域或角度提出问题。

示例：

- "人工智能和区块链技术如何结合应用？"
- "如何设计一个兼顾效率和用户体验的产品？"

1.2　DeepSeek 提问常用的 12 种问法及问句模板

1.2.1　事实型提问

事实型提问就是向 DeepSeek 询问具体的事实、定义或数据，其目的是获取准确、客观的信息。

示例：

- "什么是银发经济？"
- "2024 年广东省的 GDP 是多少？"

DeepSeek 的回答： 提供清晰的事实、定义或数据。

事实型提问常用的句式模板：

- "什么是××？"
- "××的定义是什么？"
- "如何解释××这一概念？"
- "××发生的时间是什么时候？"
- "××的具体日期/年份是？"
- "××的发明者/发现者是谁？"
- "谁提出了××理论？"
- "××的增长率/比例/数量是多少？"

1.2.2　方法型提问

方法型提问就是向 DeepSeek 询问完成某项任务或解决某个问题的操作步骤、实施路径，其目的是获取具体的步骤、工具或方法。

示例：

- "线上直播推介产品有哪些具体的方法？"
- "向上沟通的技巧有哪些？"

DeepSeek 的回答： 提供具体的步骤、工具、方法、技巧或策略。

方法型提问常用的句式模板：

- "××的具体操作步骤是什么？"
- "能否分步说明××的实现过程？"
- "如何用 XX 工具实现 YY？"
- "××软件/设备的使用方法是什么？"
- "如何配置××参数以达到最佳效果？"
- "新手如何快速掌握××技能？"

- "学习 ×× 需要哪些基础知识和工具？"
- "能否推荐 ×× 领域的入门学习路径？"
- "如何优化 ×× 的现有流程？"
- "如何解决 ×× 流程中的瓶颈？"
- "是否有更高效的方法替代传统 ×× 操作？"
- "遇到 ×× 问题时，如何排查并解决？"
- "×× 问题的修复方案有哪些？"
- "如何避免 ×× 问题的重复发生？"
- "如何通过技术手段实现 ×× 功能？"

1.2.3 建议型提问

建议型提问就是向 DeepSeek 要求提供建议、解决方案或具体的意见、经验，其目的是获取针对具体问题的行动方案、行动指南、具体指导和有针对性的建议。

示例：

- "如何增强我的问题解决能力？"
- "请给我一些有关处理突发事件的经验？"

DeepSeek 的回答：提供具体的建议、方案、策略、经验或做法推荐、案例讲解。

建议型提问常用的句式模板：

- "针对 ×× 问题，有什么建议？"
- "如何解决 ×× 问题？请提供具体方案？"
- "能否针对 ×× 场景给出改进建议？"
- "为了实现 ×× 目标，应该采取哪些措施？"
- "如何通过 XX 步骤达成 YY 目标？"
- "在 XX 和 YY 两种方案中，哪种更适合当前的情况？"

- "如何根据 ×× 需求选择最优方案？"
- "实施 ×× 方案可能面临哪些风险？如何规避？"
- "如果选择 ×× 策略，需要提前做好哪些准备？"
- "如何利用现有资源（人力/资金/技术）实现 ×× 目标？"

1.2.4　分析型提问

分析型提问就是要求 DeepSeek 对某个问题或情境、现象进行分析，其目的是理解问题的原因、影响、机理或机制。

示例：

- "为什么新能源汽车发展速度如此快？"
- "人工智能对未来就业市场的影响是什么？"

DeepSeek 的回答： 通过拆解问题、评估要素、识别模式，提供逻辑分析、因果关系、逻辑验证或影响因素。

分析型提问常用的句式模板：

- "如何将 ×× 问题拆解为可分析的子问题？"
- "×× 现象包含哪些核心要素？"
- "能否分层级分析 ×× 的结构或组成部分？"
- "×× 的优势与劣势分别是什么？"
- "从多个维度（成本、效率、风险等）评估 ×× 的可行性？"
- "能否通过数据排除其他干扰变量的影响？"
- "×× 数据中是否存在周期性或趋势性规律？"
- "如何从历史案例中提炼共性模式？"

1.2.5　比较型提问

比较型提问就是要求 DeepSeek 比较两个或多个事物的异

同，其目的是找出区别和联系，进而帮助决策、纠正理解或认知差异。

示例：

- "银发经济和老年经济有什么区别？"
- "方差分析和回归分析各有什么优缺点？"

DeepSeek 的回答： 列出比较点，分析优缺点，对比差异，评估优劣，选择方案，验证优先级，说明适用场景。

比较性提问常用的句式模板：

- "XX 和 YY 的主要区别是什么？"
- "从 XX 维度比较，XX 与 YY 有何不同？"
- "XX 和 YY 在功能 / 效果 / 成本等方面的差异是什么？"
- "XX 相比 YY 的优势和劣势分别是什么？"
- "在 XX 场景下，XX 是否比 YY 更具优势？"
- "针对 XX 需求，YY 和 ZZ 哪个更合适？"
- "不同场景下如何选择 XX 或 YY？"
- "从性能、成本、易用性等维度综合比较 XX 和 YY？"
- "如何量化 XX 与 YY 在不同指标上的得分？"
- "解决 ×× 问题的不同方案有何优缺点？"
- "现有方案中是否存在可替代的更优选项？"
- "XX 与 YY 的差异是否会随时间 / 条件改变？"
- "在 ×× 趋势下，二者的竞争力将如何演变？"
- "某产品定价策略中，高价定位与低价走量哪种更可持续？"

1.2.6　预测型提问

预测型提问就是向 DeepSeek 询问未来可能发生的情况或趋势，其目的是获取对未来的洞察或规划建议。

示例：

- "未来 5 年，人形机器人是否会走向家庭？"
- "中国新能源汽车对全球汽车行业会有什么影响？"

DeepSeek 的回答：基于现有数据和趋势，提供预测，推断未来，进行发展路径分析或可能性分析，对未来进行预判、展望或风险分析。

预测型提问常用的句式模板：

- "未来 XX 时间内，YY 领域可能发生哪些变化？"
- "×× 现象在短期（1 ~ 3 年）和长期（5 ~ 10 年）的发展趋势如何？"
- "到 XX 年，YY 指标可能达到什么水平？"
- "当前 ×× 趋势持续下去会导致什么结果？"
- "如何从现有数据推断 ×× 的未来走向？"
- "如果 ×× 条件成立，未来可能发生什么？"
- "在 XX 政策 / 技术突破的影响下，YY 领域将如何演变？"
- "×× 事件在未来发生的概率有多大？"
- "如何量化 ×× 结果的置信区间？"
- "实现 ×× 目标的可能路径有哪些？"
- "不同决策如何影响最终结果的走向？"
- "×× 领域可能面临哪些未被充分认知的潜在风险？"
- "如何识别并预防小概率高影响事件？"

1.2.7 假设型提问

假设型提问就是向 DeepSeek 基于假设情境、假设条件、假设场景提出问题，其目的是探索可能性或进行某种推测、推理、试验。

示例：

- "如果未来照护机器人能完全取代人工照护，家庭养老将变成什么样？"
- "如果未来能实现全自动无人驾驶，道路设计将发生哪些变化？"

DeepSeek 的回答： 基于假设情境，提供逻辑推理或可能性分析。

假设型提问常用的句式模板：

- "如果 ×× 条件成立，会发生什么？"
- "假设 ×× 技术 / 政策被广泛应用，可能产生哪些影响？"
- "若取消 ×× 限制，结果会如何变化？"
- "如果历史上未发生 ×× 事件，现状会怎样？"
- "假如 ×× 决策被推翻，后续发展路径有何不同？"
- "在 XX 变量固定的前提下，YY 变量如何影响结果？"
- "假设其他条件不变，仅改变 ×× 因素会引发什么变化？"
- "在 XX、YY、ZZ 三种假设下，结果分别如何？"
- "不同假设条件的组合会产生什么叠加效应？"
- "当 ×× 参数达到极限值时，系统会如何响应？"
- "假设某资源无限供应，现有模式是否会被颠覆？"
- "如果 ×× 现象以当前速度持续恶化，最终结果是什么？"
- "假设某技术突破比预期提前 10 年实现，行业格局会如何变化？"
- "如果某理论的前提假设不成立，其结论是否依然有效？"
- "假设实验数据存在系统性误差，研究结论需如何修正？"

- "假设竞品突然降价 30%，应如何应对？"
- "若消费者偏好转向 ×× 方向，产品战略需如何调整？"
- "假设某技术瓶颈无法突破，是否有替代方案？"
- "若用户隐私法规全面收紧，数据驱动型产品的设计逻辑如何调整？"
- "现有证据是否支持该假设的可行性？"
- "哪些观测结果可触发假设条件的重新设定？"

1.2.8 验证型提问

验证型提问就是要求 DeepSeek 验证某个观点、某种假设、某个推理、某种逻辑是否正确，其目的是确认信息的准确性或逻辑的合理性。

示例：

- "人工智能是否会威胁人类的生存？"
- "这个数学公式的推导过程是否正确？"

DeepSeek 的回答：提供验证结果、逻辑分析或证据支持。
验证型提问常用的句式模板：

- "你提到的……是这个意思吗？"
- "我是否可以理解为……？"
- "如果我理解正确的话，你认为……，是吗？"
- "你刚才提到……，是否意味着……？"
- "假设……，那么……是否成立？"
- "如果按照……的假设，结果会是……吗？"
- "在……条件下，……是否有效？"
- "当……时，你会选择……吗？"

- "如果……不成立，会有什么影响？"
- "有没有可能……其实是相反的？"
- "是否有数据支持……的结论？"

1.2.9　评价型提问

评价型提问就是要求 DeepSeek 对某个事物或现象进行评价，其目的是获取对价值、效果或质量的判断。

示例：

- "DeepSeek 相比其他 AI 模型，在自然语言处理方面的表现如何？"
- "AI 大模型对教育行业的影响是积极的还是消极的？"

DeepSeek 的回答： 提供评价标准、优缺点分析或综合判断。

评价型提问常用的句式模板：

- "你认为……的优势和不足分别是什么？"
- "从你的角度看，……有哪些利弊？"
- "……措施是否达到了预期效果？"
- "你如何评价……的实际影响？"
- "……是否值得投入资源 / 时间？"
- "你认为……的核心价值是什么？"
- "与……相比，……的优势在哪里？"
- "你更倾向于选择 A 还是 B？为什么？"
- "如果优化……，你认为应从哪些方面入手？"
- "……在哪些环节还有提升空间？"

1.2.10　深追型提问

深追型提问就是针对某一话题，不断追问，深度探讨，引导 DeepSeek 深入思考，其目的是通过连续深挖，获取精准的答案。

示例：

- "《哪吒 2》这部电影哪些方面吸引你？请举 3 个例子。"
- "你认为哪些动画技术给你留下了深刻印象？"
- "你认为在突破 200 亿元票房后，它还能突破到多少？"

DeepSeek 的回答：提供多角度的分析、创新思路或潜在解决方案。

深追型提问常用的句式模板：

- **探究原因：**你为什么认为这样做是有效的？是什么促使你做出了这样的决定？你能分享一下你持这种观点背后的原因吗？

- **挖掘细节：**能具体描述一下你当时是怎么想的吗？这个项目中有哪些关键的细节是你认为特别重要的？你能详细说说这个计划的具体实施步骤吗？

- **探讨影响：**这个变化对你的工作/生活产生了哪些影响？你认为这个决策会带来哪些长远的后果？这种趋势继续发展下去，可能会带来哪些挑战或机遇？

- **对比差异：**你觉得这个方法和之前的方法有什么不同？在这方面，你和他人的看法有什么不一样？这次的经验和你以前的经历相比，有哪些相似之处和不同之处？

- **预测未来：**你对未来这个领域的发展有什么预测？如果这个趋势继续下去，你认为会发生什么？你觉得自己在五年后会在哪里，做着什么？

- **评价判断**：你觉得这个项目最成功的地方在哪里？你如何评价这个决策的效果？对于这个观点，你持保留意见的部分是什么？

- **寻求方案**：你认为我们应该如何解决这个问题？有没有什么方法可以改善目前的状况？你能提出一些创新的思路来应对这个挑战吗？

- **探索动机**：你做这件事的初衷是什么？是什么激励你持续努力下去的？你觉得是什么让你对这个领域如此感兴趣？

- **澄清信息**：你提到的 ×× 具体指什么？能否举个实际案例？×× 现象在什么情况下最明显？

- **深挖逻辑**：导致 ×× 问题的根本原因是什么？你得出这个结论的关键证据是什么？哪些因素可能让这个结论不成立？

- **揭示隐藏**：实现这个目标的最大代价可能是什么？我们是否低估了 ×× 环节的长期成本？

- **激发创新**：三年前这个问题会如何被解决？现在有何本质不同？五年后再看这个决策，什么指标会证明它的价值？

1.2.11　引导型提问

引导型提问就是通过特定的问题设计，引导 DeepSeek 朝着某个方向思考或提供特定类型信息，其目的是获取结构化回答、深入分析或具体建议。

示例：

- "从诊断、治疗和管理三个方面，说明人工智能在医疗领域有哪些具体应用？"

- "从技术突破、行业应用和政策支持三个方面，预测未来5年人工智能的发展趋势。"

DeepSeek 的回答： 分步骤、分角度或分类别回答，给出详细、具体的见解或解决方案。

引导型提问常用的句式模板：

- "请列出……，并简要说明……"
- "能否分步骤解释……？"
- "请从……三个方面分析……"
- "如何……？请从……角度提出建议"
- "你希望通过……实现什么目标？"
- "如果成功了，最终的结果会是什么样子？"
- "如果抛开限制条件，你会如何解决这个问题？"
- "假设有无限资源，你认为最优方案是什么？"
- "你现有的哪些资源可以支持这个计划？"
- "你认为哪些人或团队能帮助推进这件事？"
- "如果选择方案 A，可能会带来哪些连锁反应？"
- "你认为这个决定对长期发展的影响是什么？"
- "如果你是用户，会如何看待这个设计？"
- "如果换成领导/客户的角度，他们会关注什么？"
- "在这些选项中，你认为哪些是必须完成的？哪些可以暂缓？"
- "如果只能保留三个功能，你会选择哪几个？为什么？"
- "为什么你认为这个方案是唯一可行的？"
- "有没有可能问题的根源并不在这里？"
- "你觉得还有哪些可能性是我们尚未讨论的？"
- "如果换一种思路，这个问题可以如何解决？"

1.2.12　因果型提问

因果型提问就是围绕现象或事件的原因和结果向 DeepSeek 提问，其目的旨在探索事物之间的关联性、触发机制或影响链条。

示例：

- "人口老龄化对社会养老体系的直接影响是什么？"
- "导致房价上涨的关键因素有哪些？"

DeepSeek 的回答：从原因追溯、结果预测、逻辑验证等角度进行回答，给出详细的原因分析、结果预测和逻辑分析。

因果型提问常用的句式模板：

- "导致 ×× 的直接原因是什么？"
- "×× 的直接后果是什么？"
- "如果没有 ××，会发生什么变化？"
- "XX 与 YY 之间是否存在因果关系？"
- "×× 现象的根本原因是什么？"
- "如何追溯 ×× 问题的根源？"
- "哪些长期因素促成了 ×× 的发生？"
- "×× 是单一原因还是多因素共同作用的结果？"
- "哪些因素叠加导致了 ××？"
- "各因素在因果链中的重要性排序如何？"
- "如何证明 XX 是 YY 的原因（而非具有相关性）？"
- "是否有实验或数据支持 XX 导致 YY 的结论？"
- "能否排除其他变量对结果的影响？"

1.3 DeepSeek 提问的 5 个万能句式模板

1.3.1 5W1H 法

5W1H 法即为什么 + 做什么 + 什么时候 + 谁 + 在哪里 + 怎么做。

Why（为什么）：说明提问的原因或目的。

What（做什么）：明确需要完成的任务或获取的信息。

When（什么时候）：指定任务完成的时间或信息获取的时间范围。

Who（谁）：指出任务或信息涉及的相关人员或对象。

Where（在哪里）：说明任务执行的地点或信息获取的来源。

How（怎么做）：询问完成任务的具体方法或步骤。

示例：

为什么：我想提高我的英语写作能力

做什么：请为我制订一个英语学习计划

什么时候：在接下来的三个月内执行

谁：适合英语水平为初级的学习者

在哪里：可以在线学习，也可以提供线下资源推荐

怎么做：请详细描述每天需要完成的学习任务和练习

综合起来提问："我想提高我的英语写作能力，请为我制订一个英语学习计划，在接下来的三个月内执行，适合英语水平为初级的学习者，可以在线学习，也可以提供线下资源推荐，请详细描述每天需要完成的学习任务和练习。"

1.3.2 R-T-F（Role-Task-Format）法

R-T-F 法即角色 + 任务 + 格式法。

角色（Role）：指定 DeepSeek 扮演的角色。这有助于 DeepSeek 调整语言风格和思考方式，使其回答更符合你的期望。

任务（Task）：明确需要 DeepSeek 完成的任务。任务描述应尽可能具体，避免模糊。

格式（Format）：指定输出的格式。例如，你希望 DeepSeek 提供一个大纲、列表、报告还是其他形式的内容。

示例：

角色：品牌策划师

任务：为新产品设计一份营销策略

格式：提交一份包含目标市场、推广渠道、预算分配的策划方案

综合起来提问："我是品牌策划师，正在为新产品设计一份营销策略，请提交一份包含目标市场、推广渠道、预算分配的策划方案。"

1.3.3 T-A-G（Task-Action-Goal）法

T-A-G 法即任务 + 行为 + 目标法。

任务（Task）：定义需要完成的任务。

行为（Action）：描述为完成任务需要采取的具体行动。

目标（Goal）：明确行动的目标和预期结果。

示例：

任务：提升客户满意度

行为：分析客户反馈，优化产品功能

目标：在三个月内将客户满意度提高至 90% 以上

综合起来提问："为了提升客户满意度，通过分析客户反

馈，优化产品功能，在三个月内将客户满意度提高至 90% 以上，请为我提供解决方案。"

1.3.4　B-A-B（Before-After-Bridge）法

B-A-B 法即之前 + 之后 + 途径法。

之前（Before）： 解释当前的情况或问题。

之后（After）： 说明期望达到的结果或状态。

途径（Bridge）： 询问实现这一转变的具体途径或方法。

示例：

之前： 我们的产品在市场上知名度较低

之后： 希望在一年内成为行业知名品牌

途径： 请提供一份提升品牌知名度的详细计划

综合起来提问："我们的产品在市场上知名度较低，希望在一年内成为行业知名品牌，请提供一份提升品牌知名度的详细计划。"

1.3.5　R-T-H-C-F（Role-Task-How-Constraints-Format）法

R-T-H-C-F 法即你是谁 + 做什么 + 怎么做 + 不要做 + 输出格式法。

你是谁（Role，角色定位）： 明确 DeepSeek 的角色，例如"你是健身教练""你是资深跨境电商运营人员"等。

做什么（Task，任务描述）： 清晰地描述你希望 DeepSeek 完成的任务，例如"解释 Transformer 架构中的注意力机制"。

怎么做（How，完成步骤）： 指定完成任务的具体步骤，例如"首先对输入文本进行翻译，之后输出一份总结"。

不要做（Constraints，限制条件）： 明确指出 DeepSeek 不

需要做的事情，例如"请勿捏造答案"。

输出格式（Format，格式）：指定你希望 DeepSeek 输出的答案格式，例如"以表格形式展示""用 Markdown 格式展示"。

示例：

假设你想让 DeepSeek 帮助你准备一份关于"人工智能在医疗领域的应用"的报告，就可以这样提问。

角色定位：我是人工智能领域的专家

任务描述：为我准备一份关于"人工智能在医疗领域的应用"的报告

完成步骤：包括技术原理、应用场景、优势和挑战，并给出 3 个实际案例

限制条件：请确保信息的准确性和最新性，避免使用过于技术化的术语

输出格式：以 Markdown 格式输出，每页不超过 5 点内容

综合起来，提问可以是："我是人工智能领域的专家，请为我准备一份关于'人工智能在医疗领域的应用'的报告，包括技术原理、应用场景、优势和挑战，并给出 3 个实际案例。请确保信息的准确性和最新性，避免使用过于技术化的术语，以 Markdown 格式输出，每页不超过 5 点内容。"

第 **2** 章

请求检索查询推荐

2.1　学术论文检索

2.1.1　学术论文检索关键词

1. 关键词提取的核心公式

关键词提取的核心公式为［研究领域］＋［目标］＋［限制条件］＋［质量优先级］。

示例拆解：

- 机器学习（领域）；医疗影像分类算法优化（目标）；近五年英文文献（限制）；影响因子＞5 的期刊（质量优先级）。

在这个组合中，"领域"限定为机器学习技术范畴，排除泛泛而谈的综述类论文，"目标"聚焦医疗影像分类的具体研究空白，明确算法优化的技术路径，"限制条件"筛选时间范围（近五年）和语言类型（英文），过滤低相关性文献，设置"质量优先级"可以优先检索高影响力期刊，确保学术成果的前沿性与权威性。

2. 关键词库

常用关键词如表 2-1 所示。

表 2-1　常用关键词

维度	常用关键词
研究领域	自然语言处理、材料科学、公共政策分析、基因编辑技术、社会心理学、环境工程、宏观经济模型、临床医学试验、文化遗产保护、碳中和、可再生能源、数字人文、智慧城市、数字化转型、知识图谱
检索目标	智能制造、工业互联网、碳中和路径、乡村振兴、非遗传承、社会参与、实证研究、案例研究、元分析、数据库

（续表）

维度	常用关键词
限制条件	时间范围（近 3 年、近 5 年）、年代字段代码、行政区域、内容载体、研究层级、学者追踪、开放数据集、代码仓库、实验参数完整性、中英文、小语种文献、双语对照
质量优先级	影响因子、期刊分区、研究机构排名、引用次数增长率、研究结论创新性、关键词匹配度、研究问题重合度

2.1.2 学术论文检索提问的 3 个句式模板

模板 1：时间限定型提问

时间限定型提问即"帮我检索［时间范围］的关于［核心关键词／规范术语］在［研究领域］中的应用的论文"。

示例：

- "请帮我检索 2023—2025 年发表的关于区块链技术在农产品溯源中应用的论文。"
- "区块链在农产品溯源中的具体应用案例有哪些？需要近 3 年的英文论文。"

模板 2：分步骤型提问

分步骤型提问即将复杂问题拆解为多个步骤进行提问。

示例：

- 第一步："如何用区块链技术优化供应链金融的信用评估模型？"
- 第二步："请推荐该领域 2023 年发表的 SCI 期刊论文。"

模板 3：字段限制型提问

字段限制型提问即"用［工具］查找［限定字段］，应包含［限定字段］且提及［限定字段］的论文"。

示例：

- "如何用 Web of Science 查找 2022—2024 年标题包含'区块链'且摘要提及'绿色供应链'的 SSCI 期刊论文？"

2.1.3　学术论文检索案例

| 案例："人工智能伦理领域"论文检索 |

用户提问："在人工智能伦理方向，检索自动驾驶责任判定机制。要求包含 2020 年后发表于 SCI 一区期刊的英文文献，优先引用 MIT、斯坦福等顶尖实验室成果。请对比欧盟与美国研究团队的方法论差异，并整理争议焦点。"

DeepSeek 回答：

人工智能伦理领域自动驾驶责任判定机制检索指南

（2020年后SCI一区英文文献优先，MIT/斯坦福等顶尖机构成果对比）

一、欧美研究团队方法论差异对比

维度	欧盟研究团队	美国研究团队
理论基础	强调"预防性原则"，主张在技术部署前建立伦理审查框架，以人权保护为核心	侧重"技术实证主义"，优先验证算法可靠性，通过事故数据反推责任判定规则
责任分配模型	采用"分级责任链"：车企（30%）+ 算法开发者（40%）+ 监管部门（30%）	推行"动态责任权重"：根据实时驾驶环境调整车企与用户责任比例（如恶劣天气降低用户责任）
技术验证路径	要求开放算法源代码进行第三方伦理审计，重点检测边缘案例（Corner Cases）的决策逻辑	依赖封闭式仿真测试，通过大规模路测数据构建责任判定概率模型（MIT 2023年提出）

2.2 技术文档检索

2.2.1 技术文档检索关键词

1. 关键词提取的核心公式

关键词提取的核心公式为［技术领域］+［检索目标］+［格式/权限限制］+［时效性/优先级］。

示例拆解：

- "区块链开发（领域）；查询智能合约部署流程（目标）；仅限 Markdown 格式文档（限制）；需兼容最新 Solidity 版本 0.8.0（版本优先级）。"

在这个组合中，"技术领域"锁定区块链开发的技术范畴，避免泛用性文档干扰，"检索目标"明确了需解决的智能合约部署问题，聚焦操作步骤，"格式/权限限制"条件限定了文档格式，过滤了非结构化文本（如 PDF、扫描件），通过设置"时效性/优先级"强调版本兼容性，排除过时技术方案。这样的组合提问可以快速精准地检索到技术文档。

2. 关键词库

常用关键词如表 2-2 所示。

表 2-2　常用关键词

维度	常用关键词
技术领域	软件开发、API 文档、编程语言、数据库管理、系统架构、硬件协议、网络安全、云服务配置、开源框架、算法实现、测试案例
检索目标	带目录导航、示例代码、流程图解
格式/权限限制	限定域名、内部 wiki、开源社区、付费技术白皮书、Markdown、PDF、代码注释、Jupyter Notebook、中文、英文、双语对照、VS Code 插件、Postman 集合、GitHub 仓库

（续表）

维度	常用关键词
时效性 / 优先级	官方认证文档、社区共识评分、正则表达式、语义搜索、代码片段定位、Stack Overflow 采纳答案、GitHub Star 量、标注更新时间、关联 Git commit 记录

2.2.2　技术文档检索提问的 3 个句式模板

模板 1：版本兼容性验证

"在开发［技术领域］时，如何验证［功能 / 接口］是否兼容［指定版本］？需包含［工具 / 框架］的官方文档说明和社区适配方案，优先引用近两年更新的解决方案。"

示例：

- "在开发 React Native 应用时，如何验证动态权限申请功能是否兼容 Android 13？需包含 react-native-permissions 库的官方文档说明和 GitHub 适配方案，优先引用 2023 年后更新的解决方案。"

模板 2：多条件筛选式搜索

"需要查找［技术领域］中［具体功能］的实现方法，要求同时满足［条件 A］、［条件 B］和［格式限制］，排除［过时技术 / 工具］。"

示例：

- "需要查找 React Native 相机权限动态申请的实现方法，要求同时支持 TypeScript 5.0 和 Expo 框架，排除仅适用于 Java/Kotlin 的文档。"

模板 3：错误场景定向检索

"当［技术场景］出现［具体报错代码 / 现象］时，如何通过［工具／日志］定位问题？需提供［平台／版本］的官方修复方案及社区已验证的临时规避措施。"

示例：

- "当 Android 端 React Native 应用请求 CAMERA 权限时返回'PERMISSION_DENIED'错误，如何通过 Android Studio 日志定位问题？需提供 Android 13 的官方修复方案及 GitHub 已验证的临时规避措施。"

2.2.3 技术文档检索案例

| 案例：Python 机器学习库的技术文档检索 |

用户提问： "我需要检索 2023 年后发布的 Python 机器学习库 TensorFlow 的 API 接口文档。"

DeepSeek 回答：

以下是2023年后发布的TensorFlow API接口文档检索指南及核心内容整理：

一、官方文档入口

1. **TensorFlow官网API文档**
   - 访问路径：官网 → API Docs → 搜索框输入目标函数/类名（如 `tf.keras.layers.Dense`）
   - 文档结构：
     - **函数说明**：参数定义、返回值、适用版本
     - **代码示例**：含数据预处理、模型训练等完整流程

2. **版本兼容性说明**
   - 2023年后发布的TensorFlow版本（如2.15+）承诺100%向后兼容，旧版代码无须修改即可运行

说明：因篇幅原因只展示部分回答。

2.3　法律文献检索

2.3.1　法律文献检索关键词

1. 关键词提取的核心公式

关键词提取的核心公式为［法律领域］+［检索目标］+［资源限制］+［质量优先级］。

示例拆解：

- "请帮我检索 2024 年关于知识产权法（领域）专利侵权判例（目标），无 Westlaw 权限（限制），侧重最高人民法院判例（权威优先级）。"

在这个组合中，明确"法律领域"可以缩小检索范围，通过"检索目标"拆解可以区分法条查询、案例检索、学术论文搜集等不同需求，"资源限制"条件可以提前说明资源获取障碍（如数据库权限、语言障碍），设置"质量优先级"可以按需设定文献优先级（权威性 > 时效性 > 相关性）。

2. 关键词库

常用关键词如表 2-3 所示。

表 2-3　常用关键词

维度	常用关键词
法律领域	民法、刑法、行政法、商法、国际法、知识产权法、环境法、劳动法、金融监管法、数字安全法等
检索目标	法条原文、司法解释、典型案例、学术论文、立法背景资料、外国法比较、法律修订历史等
限制条件	数据库权限（无 HeinOnline）、语言障碍（非中文文献）、时间范围（近 3 年）、地域限定（省级案例）
质量优先级	最高人民法院发布、时效性、引用率、可操作性、判决要旨

2.3.2　法律文献检索提问的 4 个句式模板

模板 1：精准需求检索提问

"作为［法律身份］，需要检索［文献类型］，当前受限于［资源障碍］，请提供［数量］条符合［质量标准］的解决方案。"

示例：

- "作为实习律师，需检索《民法典》担保条款的司法适用案例，但无 Westlaw 权限，请提供 3 条利用公开数据库（如中国裁判文书网）的高效检索策略，要求包含筛选最高人民法院指导性案例的方法。"

模板 2：动态修订追踪检索提问

"针对［新修订法律名称］，请梳理发布后［时间段］内出现的［学术争议点/司法适用分歧］，要求对比［修订前后］核心条款的学界解读与判例变化。"

示例：

- "针对 2024 年新修订《公司法》第 225 条减资规则，请梳理实施 6 个月内出现的'非等比例减资合法性'争议，要求对比修订前后北大法宝数据库中的相关学术论文及长三角地区法院判例。"

模板 3：模拟场景检索提问

"假设［具体法律场景］，需论证［争议焦点］，请提供［法域/时期限定］下支持［立场］的权威文献组合方案，并标注［效力层级］。"

示例：

- "假设某科技公司因数据跨境传输被行政处罚，需论证《个人信息保护法》第 38 条'安全评估'义务的适用范围，请提供 2024 年最高人民法院相关司法解释＋欧盟 GDPR 对比分析文献，要求包含跨境判例效力说明。"

模板 4：证据链补强定向检索提问

"现有［案件类型］诉讼中缺乏［证据类型］支持，需通过文献检索补强［待证事实］，请锁定［数据库名称］中［证据关联度＞X%］且［司法采信率＞Y%］的文献。"

示例：

- "现有商业秘密侵权诉讼中缺乏'客户名单构成商业秘密'的判例支持，需通过中国裁判文书网补强证据链，请锁定'指导性案例'标识＋'客户信息保密性认定'出现频次＞5 次的文书。"

2.3.3　法律文献检索案例

| 案例："客户名单保密性认定"判例检索 |

用户提问："筛选最高人民法院'商业秘密侵权'案件中涉及'客户名单保密性认定'的判例，按 2023 年后发布时间排序。"

DeepSeek 回答：

最高人民法院"商业秘密侵权"案件中涉及"客户名单保密性认定"的判例筛选（2023年后发布）

1. **2024年案例：高某炉料公司侵害客户名单经营秘密案**

- **案号：** 最高人民法院（2022）最高法知民终670号
- **核心要点：**
  - **秘密性认定：** 涉案441家客户信息（含名称、联系方式、采购品种）被认定为"不为公众普遍知悉"，需结合保密措施（如员工保密要求）综合判定。
  - **侵权同一性比对：** 明确权利人主张保护的商业秘密内容需与侵权比对内容一致，避免通过增减"秘密点"两头获利。
  - **裁判结果：** 二审维持原判，驳回技术秘密主张，支持客户信息构成经营秘密。

> **2. 2024年案例：** 公司高管保密措施与停止侵害责任适用
> - **来源：** 最高人民法院知识产权法庭公报案例
> - **核心要点：**
>   - **保密措施认定：** 公司高管不得以"未单独签订保密协议"主张保密措施无效，需结合岗位职责推定保密义务。
>   - **停止侵害责任适用：** 若离职员工掌握的经营秘密随时间推移丧失竞争优势，可不再判决停止使用。
>   - **客户名单保护边界：** 强调禁止利用客户名单作为"跳板"削弱权利人竞争优势。

说明：因篇幅原因只展示部分回答。

2.4 知识文本查询

2.4.1 知识文本查询关键词

1. 关键词提取的核心公式

关键词提取的核心公式为［查询领域］+［核心目标］+［限制条件］+［质量优先级］。

示例拆解：

- "从学术研究（领域）的方向验证量子计算可行性（目标），请提供一些参考文献，仅限英文文献（限制），权威期刊优先（质量）。"

查询领域： 明确研究方向（如学术、商业、法律等），缩小检索范围。

核心目标： 定义查询的最终用途（如数据验证、理论溯源、案例对标）。

限制条件： 语言、时间范围、数据格式等硬性约束。

质量优先级： 标注优先级（如权威性＞时效性＞可读性）。

2. 关键词库

常用关键词如表 2-4 所示。

表 2-4　常用关键词

维度	常用关键词
查询领域	学术研究、商业分析、法律咨询、医疗案例、技术专利
核心目标	数据溯源、矛盾验证、跨学科关联、政策解读
限制条件	语言壁垒（非中文文献 / 期刊）、时间窗口（近 5 年）、数据封闭性（企业内网）
质量优先级	准确性（同行评审＞自媒体）、完整性（全流程数据链＞片段信息）、可解释性（可视化图表＞纯文字）

2.4.2　知识文本查询提问的 4 个句式模板

模板 1：精准溯源式提问

"作为［研究者 / 学生］，需验证［具体知识点］在［领域］中的准确性，要求：［数据来源需包含 ×× 期刊 /×× 年份报告］，请提取三方交叉验证的关键论据及原始数据页码。"

示例：

- "作为医学研究生，需验证'端粒酶活性与癌症转移相关性'在肿瘤学领域的结论，要求：数据来源必须包含 *Nature Medicine* 2024 年及《柳叶刀肿瘤学》2023 年文献，请提供三家独立实验室的细胞实验数据对比表。"

模板 2：求助式提问

"作为［新手 / 特定身份］，要在［时间］内掌握［技能］，已有［资源］，请提供［数量］个关键学习步骤。"

示例：

- "作为烹饪小白，要在周末前学会 5 道家常菜，已有电磁炉和基础厨具，请提供：

1. 火候控制口诀（如'热锅冷油防粘锅'）；

2. 调味品添加顺序黄金法则。"

模板 3：场景定位式提问

"在［具体场景］中遇到［问题］，需要［目标］，请提供［数量］条可操作建议。"

示例：

- "在超市选购婴儿奶粉时遇到配方成分困惑，需要快速判断产品安全性，请提供 3 条通过包装标识快速鉴别优劣的技巧。"

模板 4：事务决策式提问

"我需在［时间限制］内处理［事项］，关键考虑［要素］，请列出风险清单与应对策略。"

示例：

- "我的房租将上涨 20%，但搬家时间紧张。考虑居住成本与时间成本，请提供：

1. 续租和搬家的月支出对比表；

2. 紧急找房渠道优先级清单（中介＞社区公告＞熟人推荐）。"

2.4.3 知识文本查询案例

> **案例：低敏性宠物饲养方案查询**

用户提问： "孩子想养宠物但配偶反对，希望平衡家庭卫生与孩子情感需求，请提供 2 种低敏性宠物饲养方案（如仓鼠／鱼类）及责任分工建议。"

DeepSeek 回答：

> **低敏性宠物饲养方案与责任分工建议**
>
> **一、低敏性宠物推荐方案**
>
> **1. 仓鼠饲养方案**
>
> - **低敏优势：** 仓鼠体型小且基本不掉毛，过敏原释放量显著低于猫狗，笼养模式便于控制卫生环境。
> - **实施要点：**
>   - 选择封闭式亚克力笼（减少木屑粉尘扩散）并配置专用跑轮，每日清理排泄物。
>   - 建议将笼子放置于通风良好的阳台或孩子卧室外，避免与生活区直接接触。
>
> **2. 小型观赏鱼饲养方案**
>
> - **低敏优势：** 鱼类无毛发掉皮屑问题，水环境可隔绝过敏原，适合对粉尘敏感的家庭。
> - **实施要点：**
>   - 选择孔雀鱼/斑马鱼等易养品种，配置带过滤系统的30cm缸体（减少换水频率）。
>   - 使用自动喂食器辅助管理，降低日常维护难度。
>
> **二、家庭成员责任分工建议**
>
> **1. 孩子责任**
>
> - **日常任务：**
>   - 仓鼠：每日定时投喂专用粮，周末参与笼内垫料更换（需家长监督卫生操作）。
>   - 鱼类：记录喂食量（避免过量），学习检测水质 pH 值（使用试纸工具）。

说明：因篇幅原因只展示部分回答。

2.5 信息资源推荐

2.5.1 信息资源推荐关键词

1. 关键词提取的核心公式

关键词提取的核心公式为［资源类型］+［学习目标］+［限制条件］+［评估维度］。

示例拆解：

- "人工智能入门课程（资源类型）+理解基础算法（目标）+免费且支持碎片化学习（限制）+用户评分 ≥ 4.5/5

（评估）。"

在这个组合中，通过"资源类型"锁定媒介形态（如课程 / 书籍 / 论文 / 音乐 / 电影），"学习目标"明确知识深度（入门 / 进阶），"限制条件"控制可行性（预算 / 时间 / 语言），"评估维度"筛选质量标准（权威性 / 趣味性 / 用户反馈）。这样的组合提问可以使答案更精准。

2. 关键词库

常用关键词如表 2-5 所示。

表 2-5　常用关键词

维度	常用关键词
资源类型	书籍、论文、纪录片、在线课程、播客、行业报告、学术会议视频、工具教程
学习目标	知识拓展、技能提升、科研支持、兴趣培养、考试备考、商业决策参考
限制条件	预算范围（如免费 /500 元内）、时间窗口（如每周 2 小时）、访问权限（开源 / 付费）、语言限制（中文 / 英文）、设备兼容性（仅移动端）
评估维度	权威性（作者 / 机构背书）、内容密度（信息量 / 时长比）、趣味性（叙事手法）、实用性（案例丰富度）、更新时效性（3 年内）

2.5.2　信息资源推荐提问的 3 个句式模板

模板 1：精准筛选提问

"作为［身份］，需要获取［资源类型］用于［目标］，要求满足［限制条件］，请按［评估维度］优先级推荐［数量］个选项。"

示例：

- "作为人工智能领域研究生（身份），需查找近 3 年发表的强化学习论文（类型）用于文献综述（目标），要求开放获取且含可复现代码（限制），请按被引量降序推荐 5 篇（评估）。"

- "作为新媒体运营新人（身份），需学习短视频脚本写作课程（类型）提升爆款率（目标），预算 ≤ 200 元且支持手机端学习（限制），请按完课率 > 85% 推荐 3 门（评估）。"

模板 2：教学引导提问

"如何通过［音乐元素］的［具体维度］对比，帮助［学习者群体］理解［抽象概念］？请设计包含［互动形式］的课堂提问链。"

示例：

- "如何通过《蓝色多瑙河》与《二泉映月》的旋律走向对比（元素），帮助初中生（群体）理解中西音乐情感表达差异（概念）？请设计包含'色彩联想→肢体表达→文化溯源'三阶的提问链。"

模板 3：跨界组合提问

"请为［复杂任务］设计跨领域资源组合包，要求包含［资源类型 A］［资源类型 B］［资源类型 C］，并说明协同增效原理。"

示例：

- "为'元宇宙营销方案策划'任务（复杂任务）设计组合包：1 篇 Gartner 趋势报告（类型 A）+ 3 个 Unity 数字孪生案例视频（类型 B）+ 用户虚拟形象设计工具教程（类型 C），说明如何交叉验证创意可行性。"
- "为'儿童编程启蒙'需求（复杂任务）组合资源：Scratch 官方课程（类型 A）+《Hello Ruby》绘本（类型 B）+ 家长指导手册（类型 C），解释认知发展理论与实践工具的衔接逻辑。"

2.5.3　信息资源推荐案例

| 案例：新茶饮行业报告推荐 |

用户提问："作为消费领域投资人，我想要获取2025年中国新茶饮行业竞争格局分析报告，用于评估项目市场占有率，要求包含Top10品牌供应链数据及近3年融资记录，请推荐3个含上市公司招股书交叉验证的权威渠道。"

DeepSeek 回答：

2025年中国新茶饮行业权威数据渠道推荐

1. 头豹研究院行业报告

- **核心价值：**

  - 提供2025年茶饮市场规模预测及竞争格局分析，包含Top10品牌供应链数据（如原材料采购网络、仓储物流布局等），并详细拆解品牌市场占有率变化趋势。

  - 近3年融资记录覆盖头部品牌的融资金额、轮次及投资方背景，重点标注供应链相关融资用途（如冷链技术升级、原料基地建设等）。

- **交叉验证方式：**

  - 关联上市公司招股书（如奈雪的茶、蜜雪冰城）中的供应链成本占比数据，验证报告中的市场份额测算模型。

2. 艾媒咨询行业白皮书

- **核心价值：**

  - 深度分析2024—2025年新茶饮品牌竞争策略，包含Top10品牌的海外供应链布局（如东南亚原料基地、北美仓储中心）及本土供应链优化案例（如喜茶"智慧茶园"项目）。

  - 融资记录部分区分战略投资与财务投资，标注供应链相关融资事件（如2024年沪上阿姨2.5亿元冷链专项融资）。

- **交叉验证方式：**

  - 对比茶饮企业招股书中的"供应商集中度"指标，验证报告中供应链稳定性评估结论。

3. 中研普华IPO评估报告

- **核心价值：**

  - 整合2025年茶饮行业上市公司招股书（如茶颜悦色拟IPO文件），披露Top10品牌上游供应合作清单及采购占比数据（如茶叶、奶制品原料供应商排名）。

  - 融资记录分析涵盖Pre-IPO轮次关键数据，重点标注供应链融资条款（如对赌协议中的原料基地建设进度要求）。

- **交叉验证方式：**

  - 通过招股书"风险提示"章节中的供应链依赖度说明，反向验证行业报告中的竞争格局合理性。

说明：因篇幅原因只展示部分回答。

2.6　职业机会推荐

2.6.1　职业机会推荐关键词

1.关键词提取的核心公式

关键词提取的核心公式为［行业领域］+［职业目标］+［限定条件］+［决策优先级］。

示例拆解：

- "本人从互联网行业（领域）转型 AI 算法工程师（目标），数学基础薄弱（限制），薪资涨幅优先（优先级）。"

行业领域：明确目标行业（如互联网、金融、医疗），缩小推荐范围。

职业目标：界定具体岗位（算法工程师、产品经理、数据分析师）或发展方向（技术 / 管理 / 复合型）。

限定条件：罗列硬性门槛（学历 / 证书 / 技能）、软性短板（沟通能力 / 管理经验）等。

决策优先级：量化核心诉求（薪资、工作强度、发展空间）用于方案筛选。

2.关键词库

常用关键词如表 2-6 所示。

表 2-6　常用关键词

维度	常用关键词
行业领域	互联网、新能源、智能制造、金融科技、教育培训
职业目标	活动策划、市场调研、数据助理、品牌营销、员工关系、绩效专员、搜索引擎优化（SEO）、社交媒体营销（抖音 / 微信）、内容营销
限定条件	学历门槛（本科 / 硕士）、工作经验（应届 /3 年＋）、技能缺口（Python/SQL）、地域限制（一线 / 远程）

（续表）

维度	常用关键词
决策优先级	薪资水平、晋升周期、技术壁垒、行业稳定性、团队匹配度

2.6.2 职业机会推荐提问的 3 个句式模板

模板 1：职业方向诊断

"作为［当前身份／行业从业者］，计划转型［目标领域／岗位类型］，但受限于［具体障碍］，请提供［数量］条可落地的职业发展建议。"

示例：

- "作为传统制造业机械工程师，计划向智能制造领域转型，但缺乏工业互联网项目经验，请提供 3 条 6 个月内可实施的技能提升路径。"

- "作为工作 3 年的市场营销专员，希望转行用户增长方向，但未接触过数据驱动决策模型，请给出 4 条结合现有经验的能力迁移方案。"

模板 2：职业路径对比

"针对［职业目标］，请对比以下［数量］种发展路径的［评估维度］，并推荐最优选项。

路径 A：［核心特点］。

路径 B：［核心特点］。"

示例：

- "针对技术转型管理岗的目标，请对比以下 2 种路径的晋升周期、技能匹配度与长期收益。

路径 A：内部转岗至项目管理部，特点为利用现有业务熟悉度快速上手，但技术能力可能弱化。

路径 B：考取 PMP 认证后跳槽至科技公司，特点为薪资涨幅显著，但需适应新团队协作模式。"

- "针对新能源行业求职，请对比电池研发工程师（技术深耕）与碳中和咨询顾问（复合能力）的行业需求度、35岁后职业韧性及薪资天花板。"

模板 3：职业决策风险评估

"需在［时间限制］内选择［职业选项］，关键考量包括［要素 1］、［要素 2］，请分析风险等级并给出应对策略。"

示例：

- "需在 1 周内决定是否接受异地 AI 算法岗 Offer，关键考量：薪资涨幅 40% 但需举家搬迁，职业发展空间大但行业竞争激烈。请评估家庭稳定性风险与技术成长性收益。"

- "需在 3 天内确定是否跳槽至初创公司担任技术总监，关键考量：股权激励潜在收益高，但公司现金流稳定性存疑。请提供融资数据核查方法与对赌协议谈判要点。"

2.6.3　职业推荐案例

> ## 案例：职业推荐及技能提升路径

用户提问："我目前在传统制造业从事机械设计（领域），希望转型智能制造领域（目标），但缺乏工业互联网项目经验（限制），优先考虑技术成长性（优先级）。请推荐 3 个适配岗位，并说明所需技能提升路径。"

DeepSeek 回答：

适配岗位推荐及技能提升路径

岗位一：智能制造系统工程师

核心职责

- 基于数字孪生技术优化产线设计，实现机械系统与工业互联网平台的深度集成

- 搭建智能工厂仿真模型，推动生产流程自动化与数据可视化

技能提升路径

1. 短期（1~3 个月）

  - 学习工业互联网协议（OPC UA/MQTT）及 IoT 平台（如 ThingsBoard）操作

  - 掌握基础数字孪生工具（如 ANSYS Twin Builder）的建模方法

2. 中期（3~6 个月）

  - 参与企业级智能制造试点项目，积累产线数据采集与系统联调经验

  - 学习边缘计算部署（如 KubeEdge）与实时数据处理技术

3. 中期（6~12 个月）

  - 考取工业互联网平台架构师认证（如华为 HCIA-IoT）

  - 主导完成至少 1 个智能制造系统集成项目，形成完整技术闭环

说明：因篇幅原因只展示部分回答。

2.7 商业数据查询

2.7.1 商业数据查询关键词

1. 关键词提取的核心公式

关键词提取的核心公式为 [需求场景] + [数据类型] + [限制条件] + [优先级指标]。

示例拆解：

- "请帮我获取 2024 年东南亚电商市场（场景）实时交易规模与 TOP3 平台份额（目标），仅限公开免费数据库（限制），数据准确性＞时效性（优先级）。"

在这个组合中，通过限定东南亚电商市场，聚焦区域与行业范围，避免数据泛化；明确需要"交易规模"与"平台份额"两类数据，来区分宏观维度与微观维度；标注"仅限公开免费数据库"，过滤付费或非公开渠道信息；而"准确性＞时效性"，则指导系统优先调用权威机构或学术报告。

2. 关键词库

常用关键词如表 2-7 所示。

表 2-7 常用关键词

维度	常用关键词
需求场景	行业分析、竞争对手监测、消费者行为研究、供应链成本评估、政策影响预测
数据类型	市场规模、增长率、用户画像、专利分布、政策法规、舆情热度、价格趋势
限制条件	预算范围（如"≤ 5000 元"）、数据来源（如"仅限国家统计局"）、时间框架（如"近 3 年"）、地域限定（如"长三角地区"）
优先级指标	准确性、时效性、数据颗粒度、可视化要求、多源交叉验证强度

2.7.2 商业数据查询提问的 2 个句式模板

模板 1：角色代入式提问

"作为［商业角色］，需在［场景］中获取［数据类型］，限制条件为［预算 / 来源 / 地域］，优先级为［指标排序］，请提供［工具建议］＋［验证方法］。"

示例：

- "作为市场分析师，需获取 2024 年东南亚美妆市场份额数据，限制为仅用免费英文数据库，优先考虑数据准确性，请推荐 3 个权威平台并说明交叉验证流程。"

- "作为跨境品牌咨询师，需分析 2024 年德国个护用品消费者偏好，限制条件为仅用非英文开源数据库，优先级为'地域细分精度＞数据量'，请推荐适配的政府公开数据平台及抽样统计验证方法。"

模板 2：步骤拆解法提问

"将'查询［目标数据］'拆分为［数量］步，说明每步的［数据源筛选方法］＋［清洗规则］＋［分析模型］。"

示例：

- "将'分析 2024 年中国新能源汽车电池原材料价格波动'拆分为 4 步：筛选国家统计局与海关总署数据源 → 剔除异常值 → 使用 ARIMA 模型预测趋势 → 生成可视化图表。"

模板 3：对比分析提问

"从［维度 1/ 维度 2/ 维度 3］对比［数据源 A］与［数据源 B］，输出差异点及适用场景，附［数据修正建议］。"

示例：

- "对比 Statista 与 Euromonitor 的 2024 年全球快消品增长率数据，从统计口径、样本覆盖、更新频率三维度分析差异，说明跨国企业应如何修正数据偏差。"

2.7.3　商业数据检索案例

> **案例：中国固态电池专利年申请量增长率检索**

用户提问："预测 2025—2028 年中国固态电池专利年申请量增长率，结合国家知识产权局公开数据与 WIPO 全球专利库，使用 ARIMA 模型预测并标注置信区间。"

DeepSeek 回答:

2025—2028 年中国固态电池专利年申请量增长率预测（基于 ARIMA 模型）

一、历史数据基准

1. **国家知识产权局数据**（2013—2023 年）：

- 中国固态电池专利申请量年均复合增长率达 **40.74%**，2023 年累计专利数量突破 **1358 项**。
- 近五年（2020—2024 年）全球专利申请量增速达 **20.8%**，中国贡献主要增长动力。

2. **WIPO 全球专利库补充数据**：

- 硫化物电解质、硅碳负极等核心技术领域专利占比超 **65%**（2024 年数据）。
- 中国企业在高价值专利（维持超 10 年）中的占比从 2020 年的 **18%** 提升至 2024 年的 **34%**。

二、ARIMA 模型预测结果

1. **参数设定**：

- 基于 2013—2023 年历史数据（非平稳序列），通过差分后建立 ARIMA（2,1,1）模型。
- 置信区间设定为 95%（Z=1.96），模型拟合优度 R^2=0.93。

2. **增长率预测**：

年份	预测增长率	置信区间
2025	22%~26%	[19.5%, 28.5%]
2026	18%~22%	[15.2%, 24.8%]
2027	15%~19%	[12.1%, 21.9%]
2028	12%~16%	[9.3%, 18.7%]

说明：因篇幅原因只展示部分回答。

2.8　旅游地点推荐

2.8.1　旅游地点推荐关键词

1. 关键词提取的核心公式

关键词提取的核心公式为［旅行类型］+［体验需求］+［限制条件］+［评估维度］。

示例拆解：

- "家庭亲子游（旅行类型）＋自然教育体验（需求）＋单程交通≤3小时（限制）＋安全系数优先（评估）。"

在这个组合中，通过"旅行类型"锁定场景（亲子场景需关注设施安全性与教育属性），"体验需求"明确核心体验（自然教育而非纯观光），"限制条件"控制可行性（短途交通适配儿童体力），"评估维度"确保决策优先级（安全＞新奇性）。这样的组合提问方式能使答案更精准。

2. 关键词库

常用关键词如表2-8所示。

表2-8　常用关键词

维度	常用关键词
行业领域	家庭亲子游、情侣度假、背包探险、文化深度游、商务差旅、养生疗愈
旅行类型	美食探索、历史遗迹、自然风光、极限运动、艺术展览、社交活动
限制条件	预算范围（如人均5000元内）、时间窗口（如3天2夜）、交通方式（仅高铁可达）、气候限制（避雨季）、签证政策（免签国家）
评估维度	性价比（费用/体验比）、安全指数、文化适配度、生态友好性、网红打卡潜力、小众稀缺性

2.8.2　旅游地点推荐提问的4个句式模板

模板1：精准需求定位

"计划［旅行类型］行程，主要需求是［体验关键词］，面临［限制条件］，请推荐［数量］个符合［评估维度］优先的目的地。"

示例：

- "计划情侣海岛度假（类型），需求为私密度假村与海上运动（体验），预算人均 1.2 万元内（限制），请推荐 3 个东南亚区域且服务评分 ≥ 4.8/5 的目的地（评估）。"

模板 2：多方案对比

"对比以下［数量］个目的地在［评估维度 1］、［评估维度 2］的优劣，并给出匹配［限制条件］的推荐排序。

A 地：［核心特点］。

B 地：［核心特点］。"

示例：

- "对比日本北海道（冰雪景观 + 温泉酒店）与挪威特罗姆瑟（极光观测 + 狗拉雪橇）在冬季旅行体验丰富度与摄影出片率的差异，预算限制为 2 万元 / 人，推荐优先级说明。"

模板 3：紧急决策支持

"需在［时间］内确定［目的地］，关键矛盾是［冲突因素］，请提供风险规避方案与备选建议。"

示例：

- "需在 24 小时内决定是否预订土耳其行程（原计划下周出发），但当地突发地震预警。关键矛盾为已支付 60% 不可退费用与旅行安全风险，请提供外交部安全等级查询渠道与保险理赔攻略。"

模板 4：场景化提问追问

"已选定［初步目的地］，请补充以下信息以优化行程规划。

①［维度 1］（如交通接驳耗时 / 特色餐饮分布）。

②［维度 2］（如亲子设施覆盖度 / 无障碍通道完善性）。"

示例：

- "已确定北海道为冬季旅行地，请补充：

① 札幌至富良野巴士班次间隔与雪天延误概率；

② 滑雪场儿童教学课程师资认证情况。"

2.8.3　旅游地点推荐案例

| 案例：旅游景点对比 |

用户提问："请帮我生成北京和西安两个城市包含交通耗时、人均消费、网红景点密度的对比表格。"

DeepSeek 回答：

北京与西安旅游数据对比表

对比维度	北京	西安	补充说明
跨城交通耗时	自驾/高铁： 约4.5小时	自驾/高铁：约4.5小时	京昆高速全程763公里，两城间高铁耗时相近，但北京至西安机票费用更高（约1000元）
市内交通效率	地铁＞打车 （高峰堵车严重）	步行＞地铁 （换乘时间长）	西安地铁运营时间 6:00—23:00，北京地铁覆盖更密集但需避开早晚高峰
人均日均消费	约1000元 （含门票）	约950元（含门票）	西安门票支出占比更高（西安 20%；北京 8%），北京餐饮、住宿单价更高
网红景点密度	中高密度 （颐和园/长城/故宫）	高密度（钟楼/不夜城/兵马俑）	西安大唐不夜城、长恨歌演出等夜游项目更集中；北京网红景点分布较分散
热门景点耗时	长城需半天＋接驳时间	兵马俑需3小时＋商业街绕行	西安华清池、长安十二时辰因动线复杂可能降低游览效率
门票预约难度	需提前 3~7 天预约（如故宫）	需分时段抢票（如陕西历史博物馆）	西安部分景点放票时间分散（10/11/18/19点），北京预约周期更固定

2.9　理财产品推荐

2.9.1　理财产品推荐关键词

1. 关键词提取的核心公式

关键词提取的核心公式为［理财规划领域］+［资金增值目标］+［风险偏好 / 流动性需求限制］+［收益稳定性优先级］。

示例拆解：

- "家庭理财（领域）；短期闲置资金增值（目标）；风险承受能力低（限制）；6 个月投资周期（时间优先级）。"

在这个组合中，"理财规划领域"聚焦家庭资产配置方向，"资金增值目标"明确短期资金增值需求，通过限制条件规避高风险产品，强调保本属性，设置"收益稳定性优先级"匹配 6 个月封闭期的产品特性，通过结构化组合，可精准筛选出货币基金、短期债券等低风险理财方案。

2. 关键词库

常用关键词如表 2-9 所示。

表 2-9　常用关键词

维度	常用关键词
理财规划领域	理财规划、资产配置、退休储备、教育基金、短期闲置资金管理
资金增值目标	5 万元以下、10 万元以上、50 万元以上、100 万元以下
风险偏好	保守型、平衡型、进取型、低风险、中等风险、高风险高回报、税收优惠产品资格（如养老理财）、R1 ~ R5 分级指标
优先级	历史年化收益率波动范围、起购金额、追加规则、管理费、申购赎回费、金融机构资质、产品备案信息、随时支取、封闭期限制

2.9.2　理财产品推荐提问的 6 个句式模板

模板 1：短期低风险配置型

"家庭闲置资金（领域）；短期稳健增值（目标）；风险承受能力低（限制）；6 个月投资周期（优先级）。"

示例：

- "现有 20 万元家庭闲置资金，希望进行 6 个月的低风险配置，要求保本且可随时应急支取。请对比货币基金、银行短期理财和大额存单的收益率及流动性差异。"

模板 2：中长期稳健增长型

"个人理财（领域）；资产稳健增值（目标）；可接受 10%以内波动（限制）；3 年投资周期（优先级）。"

示例：

- "计划用 50 万元构建 3 年理财组合，要求年化 5%~6%收益且最大回撤≤15%。请推荐债券基金、固收＋产品和混合型基金的具体配比方案。"

模板 3：高流动性需求型

"企业周转金（领域）；灵活存取需求（目标）；月均需支取 30% 资金（限制）；收益稳定性优先（评估）。"

示例：

- "企业账户有 100 万元周转金，需按月支取部分资金。推荐支持 T+0 赎回、年化 3% 以上的流动型理财产品，需包含短债基金和银行活期理财对比。"

模板 4：教育基金专项规划型

"子女教育储备（领域）；10 年长期增值（目标）；要求绝对保本（限制）；税收优惠优先（评估）。"

示例:

- "为子女准备 20 万元教育基金,需锁定 10 年期安全收益。请分析国债、教育储蓄保险及银行专项理财的收益率、赎回规则及税收优惠政策。"

模板 5: 退休储备组合型

"养老理财(领域);抗通胀需求(目标);年龄 55 岁以上(限制);按月分红优先(评估)。"

示例:

- "55 岁客户持有 100 万元养老金,要求组合年化 4% 以上且按月派息。推荐大额存单、红利指数基金及年金保险的具体配比与风险说明。"

模板 6: 政策红利捕捉型

"政策导向投资(领域);获取税收减免(目标);持有本地户籍(限制);合规性优先核查(评估)。"

示例:

- "作为上海户籍投资者,30 万元欲配置享受税收优惠的理财产品。请列举养老目标基金、地方政府专项债及公积金补充理财的申购条件与收益测算。"

2.9.3　理财产品推荐案例

> 案例: 银行理财产品推荐

用户提问: "目前持有 20 万元闲置资金(限制),希望配置中等风险产品(领域),要求 3 年内可灵活赎回(优先级)。请对比推荐 3 款银行理财和券商收益凭证,需包含年化收益率、风险等级和流动性分析(评估)。"

DeepSeek 回答：

20万元中等风险理财产品推荐（3年内灵活赎回）

一、银行理财产品对比

1. 银行固收+理财（股债平衡型）

- **年化收益率**：4.5%~5.8%（挂钩国债指数+20%权益仓位）
- **风险等级**：R2（中低风险）
- **流动性**：封闭期6个月，之后每季度开放赎回，T+3到账
- **适配性**：适合希望平衡收益与风险的投资者，权益部分增强收益，固收部分稳定波动

2. 结构性存款（挂钩沪深300指数）

- **年化收益率**：3.8%~6.2%（保底收益3.8%，最高收益与指数涨幅挂钩）
- **风险等级**：R2（本金保障型）
- **流动性**：3个月封闭期后可提前支取，按持有期限分段计息（持有满1年享全额收益）
- **适配性**：适合对市场波动敏感但希望获取超额收益的保守型投资者

3. 混合型理财（动态股债配置）

- **年化收益率**：5%~6.5%（股票仓位 ≤ 30%，自动调仓机制）
- **风险等级**：R3（中等风险）
- **流动性**：持有满1年后每月可赎回，赎回费率为0.1%~0.5%（按持有时间递减）
- **适配性**：适合能承受短期波动、追求长期增值的投资者

说明：因篇幅原因只展示部分回答。

2.10　商品服务推荐

2.10.1　商品服务推荐关键词

1. 关键词提取的核心公式

关键词提取的核心公式为［商品／服务类型］+［核心需求］+［预算范围］+［评估维度］。

示例拆解：

- "智能家居设备（商品类型）；节能环保（核心需求）；5000元以内（预算范围）；能耗等级+智能化程度（评估维度）。"

在这个组合中，"商品 / 服务类型"明确了推荐方向（如数码产品、家居用品等），"核心需求"聚焦用户痛点（如性价比、耐用性、便捷性），"预算范围"限定了价格区间，避免无效推荐（如"200 ~ 500 元""高端定制"），"评估维度"则确定了筛选标准（如用户评价、品牌信誉、功能适配性）。这样的提问让我们得到的答案更精准。

2. 关键词库

常用关键词如表 2-10 所示。

表 2-10　常用关键词

维度	常用关键词
商品 / 服务类型	数码产品、家居用品、教育培训、健康食品、运动装备、美妆护肤、书籍、旅行服务
核心需求	性价比、耐用性、便携性、安全性、个性化、环保认证、售后服务
预算范围	学生党（< 200 元）、低端消费（200 ~ 500 元）、中端消费（500 ~ 3000 元）、商务人士、高端定制（> 3000 元）
评估维度	用户评分、品牌排名、功能实测、兼容性、保修政策、供应链透明度

2.10.2　商品服务推荐提问的 5 个句式模板

模板 1：基础需求提问

"满足［使用场景］需求的［商品类型］，预算［金额范围］，需对比［参数 1］与［参数 2］的实测数据。"

示例：

- "满足 90 ㎡复式户型需求的智能扫地机器人，预算 3000元内，需对比激光雷达与视觉导航的避障成功率。"

模板 2：竞品对比法提问

"对比［商品 A］与［商品 B］在［核心需求］上的差异，预算［金额范围］，优先考虑［评估维度 1］且［评估维度 2］不低于行业均值。"

示例：

- "对比戴森 V12 与米家无线吸尘器在宠物毛发清理上的差异，预算 2000 元内，优先考虑吸力衰减率且噪声值≤75dB。"

模板 3：需求矛盾化解式提问

"需要同时满足［需求 A］和［需求 B］的［商品类型］，预算［金额范围］，若无法兼得，请提供［数量］种替代方案并说明妥协点。"

示例：

- "需同时满足 200km 续航和 2 小时快充的电动自行车，预算 5000 元内，若无法兼得，请提供 3 种替代方案并说明电池类型与充电桩适配性差异。"

模板 4：预算适配提问

"根据［预算弹性说明］(如'可上浮 10%')，推荐［商品类型］的［数量］个档位方案，需包含［必选功能］及对应性价比评估。"

示例：

- "根据'预算 8000 元可上浮 15%'，推荐游戏本的 3 个档位方案（RTX4060/4070/4080），需包含双内存插槽及散热系统噪声对比。"

模板 5：服务全周期覆盖提问

"推荐［商品类型］时需包含［时间跨度］内的［服务类

型］保障，预算［金额范围］，重点说明［售后服务条款］与
［异常情况处理流程］。"

示例：

- "推荐空气净化器时需包含 3 年内的滤芯更换服务，预算
  4000 元内，重点说明 PM2.5 传感器校准周期及数据异常
  报修响应时效。"

2.10.3　商品服务推荐案例

案例：入门级微单相机推荐

用户提问： "请推荐一款入门级微单相机（商品类型），核
心需求是轻便易操作（核心需求），预算 3000 ~ 5000 元（预算
范围），需对比画质、镜头适配性和续航能力（评估维度）。"

DeepSeek 回答：

入门级微单相机推荐（3000~5000 元预算）

一、索尼 ZV-E10

- **画质表现：** 搭载 APS-C 画幅传感器，支持 14bit RAW 输出和 4K 视频拍摄，成像色彩层次丰富，适合人像和动态场景拍摄。
- **镜头适配性：** 兼容索尼 E 卡口镜头群，可选择 16~50mm 套机镜头或定焦镜头（如 50mmF1.8）扩展拍摄场景。
- **续航能力：** 支持 USB Type-C 外接供电，单块电池可拍摄约 440 张照片（LCD 屏幕开启）。
- **轻便性：** 机身仅重 343 克，侧翻屏设计方便单手操作。

推荐理由： 综合性能均衡，视频功能突出，适合兼顾拍照与 Vlog 的新手。

二、佳能 EOS M200

- **画质表现：** 2400 万像素 APS-C 传感器，支持 Wi-Fi 传输和触控翻转屏，直出色彩自然，适合日常记录。
- **镜头适配性：** 适配 EF-M 卡口镜头（如 15~45mm 套头），兼容 Sigma 定焦镜头扩展创作空间。
- **续航能力：** 单次充电可拍摄约 315 张照片，支持边充边拍。
- **轻便性：** 机身重量约 299 克，为同价位最轻机型之一。

推荐理由： 操作简单直观，性价比高，适合预算有限且偏好直出效果的用户。

说明：因篇幅原因只展示部分回答。

第 **3** 章

请求解释描述说明

3.1 概念术语解释

3.1.1 概念术语解释关键词

1. 关键词提取的核心公式

关键词提取的核心公式为［术语名称］＋［学科领域］＋［核心特征］＋［应用场景］。

示例拆解：

- "机器学习（术语名称）；人工智能（学科领域）；数据驱动的算法训练（核心特征）；金融风控与医疗诊断（应用场景）。"

术语名称：明确待解释的核心概念（如"区块链""认知偏差"）。

学科领域：定位术语的知识边界（如计算机科学、心理学、法学）。

核心特征：提炼区别于其他概念的独特性（如"去中心化""非理性决策模式"）。

应用场景：说明术语的实际价值（如"合同纠纷解决""用户行为分析"）。

2. 关键词库

常用关键词如表 3-1 所示。

表 3-1 常用关键词

维度	常用关键词
术语类型	技术术语、行业黑话、学术概念、政策法规、网络流行语
学科领域	人工智能、医学、教育学、金融学、法律、社会学、工程学
应用场景	学术写作、跨部门协作、用户需求分析、政策解读、公众科普

3.1.2　概念术语解释提问的 3 个句式模板

提问模板 1：要素拆解定位法

"请从［学科领域］角度解释［术语名称］，需包含［核心特征］、［应用场景］和［常见误解］，用［数字］个案例说明其与［相近术语］的差异。"

示例：

- "请从计算机科学角度解释'机器学习'，需包含数据驱动特征、金融风控场景和过拟合误区，用 2 个案例说明其与'深度学习'的差异。"

提问模板 2：动态对比分析法

"对比［术语 A］与［术语 B］在［学科领域］中的差异，重点说明［比较维度 1］、［比较维度 2］和［历史演变］，给出［数字］个典型应用场景对比。"

示例：

- "对比'区块链'与'分布式数据库'在信息技术中的差异，重点说明数据结构、信任机制和溯源能力，给出 3 个供应链管理场景对比。"

提问模板 3：属性分层提问法

"将［术语名称］拆解为［层级数］个认知层级：基础定义层需包含［要素 1］+［要素 2］，扩展属性层需说明［特征 1］与［特征 2］的关联，实践应用层需列举［数字］种［具体场景］案例。"

示例：

- "将'元宇宙'拆解为 3 个层级：基础定义（虚拟空间 + 数字身份）、扩展属性（区块链经济 + 感官沉浸）、实践应用（3 种工业数字孪生案例）。"

3.1.3　概念术语解释案例

> | 案例：解释"算法过滤机制如何加剧认知局限"

用户提问："用'抖音信息流推荐'现象反向推导'信息茧房'要素，解释算法过滤机制如何加剧认知局限，标注其在社交媒体与学术检索中的差异。"

DeepSeek 回答：

基于抖音信息流推荐的反向推导："信息茧房"要素解析与认知局限机制

一、信息茧房核心要素反向推导

通过"抖音信息流推荐"现象可拆解出以下关键要素。

1. 用户行为数据闭环

- 抖音算法每秒分析用户800个微表情，记录停留时长、点赞、评论等交互行为，通过2万+特征维度构建动态画像。
- 用户连续点击同类内容5次后，算法推荐相似信息的概率提升至92%，形成"行为数据→算法优化→内容固化"的反馈循环。

2. 内容过滤机制

- 平台优先推送与用户历史情绪匹配的内容（Twitter相似度达87%），通过"标签化策略"实现精准营销，主动排除异质信息。

3. 认知惰性强化

- 神经学研究显示，持续接收偏好信息使前额叶皮层活跃度降低25%，理性判断能力显著下降，加速用户对同质化内容的依赖。

3.2　定义公式解释

3.2.1　定义公式解释关键词

1. 关键词提取的核心公式

关键词提取的核心公式为［定义名称］＋［应用场景］＋［具体困惑点］＋［验证方式］。

示例拆解：

- "根据 AARRR 模型（定义名称）在电商用户增长中的

应用（应用场景），如何理解激活阶段的'Aha Moment'设计（具体困惑点）？需结合拼多多北极星指标案例验证（验证方式）。"

在这个组合中，"定义名称"明确了讨论对象，"应用场景"限定了公式边界（同一公式在不同场景有差异化解释），"具体困惑点"聚焦矛盾核心，"验证方式"建立判断标准（通过案例/数据锚定解释有效性）。这样的提问方式使答案更精准。

2. 关键词库

常用关键词如表 3-2 所示。

表 3-2　常用关键词

维度	常用关键词
定义名称	用户增长模型、产品生命周期、市场渗透率、机器学习特征工程、区块链共识机制、Z 世代文化特征、银发经济消费趋势
应用场景	在……中、适用于、针对、当……时、场景、行业、学科、领域、产品类型
具体困惑点	如何理解、是否包含、差异、矛盾、冲突、如何调整、动态权重、迭代逻辑、参数优化
验证方式	混淆矩阵、A/B 测试、F1 值、ROI 测算、用户满意度调研、验证方式、数据来源、案例支撑、实验设计

3.2.2　定义公式解释提问的 4 个句式模板

提问模板 1：角色限定法

"作为［专业角色］，在［具体场景］中需要完成［核心任务］，面临［限制条件］，请提供［数量］个［解决方案/策略］并说明［验证标准］。"

示例：

· "作为跨境电商运营专员，在 Prime Day 大促期间需提升转化率（预算≤ 5 万元），请提供 3 个站外引流策略，需结合亚马逊广告 ROI 数据验证有效性。"

提问模板 2：流程拆解法

"将［复杂任务］拆分为［步骤数］个阶段，阐述每个阶段需满足的［目标 / 工具 / 注意事项］，并给出［场景限定］下的执行案例。"

示例：

- "将抖音直播间流量冷启动拆分为 4 个阶段，说明每个阶段的目标、需监测的数据指标及常见误区，需结合美妆类目新账号案例。"

提问模板 3：矛盾对比法

"对比［选项 A］与［选项 B］在［场景 / 维度］中的差异，需从［评估维度］分析优劣，并通过［数据 / 案例］验证结论可靠性。"

示例：

- "对比私域社群运营与抖音投流在母婴用品复购场景中的 ROI 差异，从获客成本、用户黏性、长期价值维度分析，需结合孩子王 2024 年 Q2 财报数据。"

提问模板 4：场景限定法

"在［具体场景］中，如何解决［核心痛点］？需满足［限制条件］，并通过［验证工具 / 指标］评估方案可行性。"

示例：

- "在三四线城市社区团购场景中，如何解决生鲜商品次日达履约率问题（仓储成本≤ 10 万元 / 月）？需用漏斗模型分析各环节损耗率。"

3.2.3　定义公式解释案例

| 案例：金字塔模型定义解释 |

用户提问：金字塔模型的三个分层标准是什么？需说明各层关键数据指标。

DeepSeek 回答：

金字塔模型的三层分层标准与数据指标解析

根据应用场景差异，金字塔模型存在多种分层逻辑。结合用户问题中「关键数据指标」的明确要求，以下以**数据指标体系的指标金字塔模型**为核心，综合顾客价值分层逻辑进行说明：

一、分层标准与定义

1. 顶层：**核心指标层**
   - **标准**：直接反映企业战略目标，具备全局牵引力
   - **典型指标**：
     - **北极星指标**（如电商GMV、社交产品DAU）
     - **用户生命周期总价值（LTV）**
   - **数据特征**：宏观聚合性、低更新频率（通常按周/月统计）
2. 中层：**业务指标层**
   - **标准**：支撑核心指标的二级关键要素，反映业务模块效能
   - **典型指标**：
     - **用户分层指标**：铂金用户贡献率、黄金用户复购率
     - **流程效率指标**：转化漏斗各环节流失率、用户获取成本（CAC）
   - **数据特征**：中观拆解性、按业务周期动态更新（日/周维度）

说明：因篇幅原因只展示部分回答。

3.3　政策法规解释

3.3.1　政策法规解释关键词

1. 关键词提取的核心公式

关键词提取的核心公式为［法规名称］+［适用场景］+［核

心条款]+[争议焦点]+[实施细则]。

示例拆解：

- "《个人信息保护法》（法规名称）；互联网企业数据跨境传输（适用场景）；第 38 条安全评估义务（核心条款）；跨境数据主权争议（争议焦点）；国家网信办《数据出境安全评估办法》（实施细则）。"

法规名称： 精准定位政策文件（如《劳动法》《数据安全法》）。

适用场景： 限定法规作用范围（如企业用工、跨境贸易、数据合规）。

核心条款： 提炼直接影响行为的条文（如"劳动者每日加班不得超过 3 小时"）。

争议焦点： 标注法律解释分歧（如"灵活用工是否适用劳动关系认定"）。

实施细则： 关联配套文件（如地方性法规、行业标准）。

2. 关键词库

常用关键词如表 3-3 所示。

表 3-3　常用关键词

维度	常用关键词
法规名称	劳动法、税法、环保法、知识产权法、数据安全法、反垄断法等
常见限制	执行主体、地域限制、行业准入、处罚标准、豁免条款
关联术语	合规风险、司法解释、行政处罚、行政复议、立法动态

3.3.2　政策法规解释提问的 4 个句式模板

提问模板 1：核心条款解析提问

"请解析《[政策名称]》第 [具体条款] 条的核心要求，说

明其在［特定领域］中的执行标准，并列举［数量］个违反该
条款的典型案例。"

示例：

- "请解析《数据安全法》第 27 条的核心要求，说明其在
  跨境电商中的执行标准，并列举 2 个违反数据跨境传输
  规定的典型案例。"

提问模板 2：政策对比分析提问

"对比《［政策 A］》与《［政策 B］》在［具体场景］中的
适用差异，重点说明［维度 1］、［维度 2］的冲突条款，并给出
［数量］个跨政策合规建议。"

示例：

- "对比《个人信息保护法》与《网络安全法》在 APP 隐
  私收集中的适用差异，重点说明用户授权方式、数据存
  储期限的冲突条款，并给出 3 个合规建议。"

提问模板 3：执行指导型提问

"根据《［政策名称］》要求，列明［行业类型］企业需完成
的［数量］项合规动作清单，并标注［具体条款］对应的处罚
标准。"

示例：

- "根据《反垄断法》要求，列明电商平台需完成的 5 项合
  规动作清单，并标注第 22 条对应的罚款计算方式。"

提问模板 4：争议焦点追问法

"围绕《［政策名称］》第［条款］条的实施争议，分析［利
益方 A］与［利益方 B］的核心分歧，结合［数量］个司法判
例说明裁量尺度。"

示例:

- "围绕《劳动法》第 41 条的加班时长争议,分析企业与劳动者的核心分歧,结合 3 个劳动争议判例说明仲裁标准。"

3.3.3　政策法规解释案例

> **案例: 适用《广告法》第 28 条的法规解释**

用户提问: "针对直播带货中的虚假宣传问题,说明如何适用《广告法》第 28 条进行整改,需包含话术审查、证据留存和处罚申诉流程。"

DeepSeek 回答:

直播带货虚假宣传整改指南(适用《广告法》第28条)

一、话术审查机制

1. 核心条款适用标准

- **虚假宣传界定:** 依据《广告法》第28条,直播中禁止出现"商品不存在""虚构功效"(如宣称化妆品"7天淡斑")或伪造检测报告等情形。

- **禁用话术清单:**
  - ✖ 绝对化用语: "全网最低价""100%有效"。
  - ✖ 虚构效果: "治愈疾病""月瘦20斤"。
  - ✖ 伪造背书: "国家级专利""明星同款"(未获授权)。

2. 脚本预审流程

- **前置合规核验:** 直播前24小时提交商品描述文档,由法务部门对照《广告法》第28条五类虚假情形逐项核验。

- **实时监测系统:** 接入AI语义识别工具(如百度内容安全API),自动拦截"抗癌""根治"等高风险词汇。

说明: 因篇幅原因只展示部分回答。

3.4 规则规定解释

3.4.1 规则规定解释关键词

1. 关键词提取的核心公式

关键词提取的核心公式为［规则领域］+［具体问题］+［限制条件］+［解释维度］。

示例拆解：

- "互联网广告法（规则领域）；医疗产品宣传禁用词（具体问题）；2025 年修订版（时间限制）；条款原文 + 执法案例（深度要求）。"

规则领域：明确规则所属的行业 / 法律 / 制度体系（如《劳动法》、医疗报销政策）。

具体问题：聚焦规则中模糊的条款或矛盾点（如"加班费计算是否包含绩效奖金"）。

限制条件：添加时间、地区、主体类型等约束（如"2025年修订的上海医保政策"）。

解释维度：要求解释形式（如"条款原文 + 官方解读 + 案例说明"）。

2. 关键词库

常用关键词如表 3-4 所示。

表 3-4　常用关键词

维度	常用关键词
规则领域	法律法规、行业标准、企业规章制度、合同条款、国际公约、平台用户协议
具体问题	条款歧义、适用范围、生效时间、处罚标准、举证责任、例外情形、历史修订记录

（续表）

维度	常用关键词
限制条件	地域管辖、企业规模、行业分类（如"跨境电商"）、用户等级（如"VIP 会员政策"）
解释维度	官方解读、学者分析、同类判例、合规操作模板、多版本差异对比表、条款原文对照、司法解释、执行难点、典型判例参考、规避建议

3.4.2　规则规定解释提问的 3 个句式模板

提问模板 1：条款冲突解析提问

"当［规则 A］第 X 条与［规则 B］第 Y 条在［具体场景］中产生冲突时，根据［限制条件］，应优先适用哪项条款？能否提供司法／行政实践中的典型案例？"

示例：

- "当《医疗事故处理条例》与《民法典》医疗损害责任篇在'患者知情同意范围'界定上冲突时，针对急诊抢救场景，应优先适用哪条规定？是否有最高法院指导案例支持？"

提问模板 2：例外情形挖掘提问

"在［规则领域］中，针对［特殊主体／场景］，是否存在［例外豁免／简化程序］？需提供条款原文及官方解释文件编号。"

示例：

- "在'高新技术企业认定'政策中，对'初创型 AI 芯片企业'的研发投入比例要求是否有特殊豁免？请提供工信部火炬中心 2025 年版政策原文及解读。"

提问模板 3：历史修订追溯提问

"从［起始年份］至［结束年份］，［规则名称］关于［具体问题］的修订逻辑是什么？关键修订节点对应的社会事件／行业诉求有哪些？"

示例：

- "从 2015 到 2025 年，《网约车管理办法》对司机准入条件的修订逻辑是什么？ 2018 年顺风车安全事件后有哪些针对性调整？"

3.4.3　规则规定解释案例

> 案例:《劳动法》中，关于"加班工资计算基数"的解释

用户提问:"在《劳动法》中，关于'加班工资计算基数'，根据'北京市 2025 年最低工资标准'，应如何理解'劳动者本人正常工作时间工资'的界定？"

DeepSeek 回答：

《劳动法》中"加班工资计算基数"的界定与北京市 2025 年最低工资标准的关系

一、"劳动者本人正常工作时间工资"的法定界定

1. 劳动合同优先原则

- 若劳动合同明确约定工资构成（如基本工资、岗位工资、奖金等），加班基数以合同约定的总和为准，不得单独拆分某一项。
- **示例**：劳动合同约定月薪为"基本工资5000元+绩效2000元"，则加班基数为7000元/月。

2. 无合同约定时的处理规则

- 若劳动合同未明确工资构成，基数按实际工资的70%计算（含工资、奖金、津贴等，但需扣除加班费、补贴等非固定收入）。
- **示例**：某员工实际月收入8000元（含2000元非固定补贴），则基数计算为：(8000 − 2000)×70% = 4200元。

3. 最低工资兜底条款

- 上述计算结果若低于北京市 2025 年最低工资标准（假设为 3000 元／月），则直接以最低工资为基数。
- 示例：员工实际工资 3500 元（含非固定补贴 500 元），按 70% 计算为 2100 元，低于北京市最低工资，则基数调整为 3000 元。

二、北京地区特殊执行标准

1. 工资构成的细化要求

- 北京地区要求企业明确区分固定工资与浮动收入，避免将加班费计算基数混入非固定项目。

说明：因篇幅原因只展示部分回答。

3.5　功能用途说明

3.5.1　功能用途说明关键词

1. 关键词提取的核心公式

关键词提取的核心公式为［功能领域］+［具体用途］+［限制条件］+［使用场景 / 用户群体］。

示例拆解：

- "AI 图像工具（领域）；批量生成电商产品情景图（用途）；月预算 500 元内（限制）；服装品牌运营团队（场景）。"

在这个组合中，通过限定预算和用户群体，避免泛泛而谈的功能介绍，直接获取符合中小企业实际需求的工具推荐。

2. 关键词库

常用关键词如表 3-5 所示。

表 3-5　常用关键词

维度	常用关键词
功能领域	办公效率工具、数据分析平台、智能硬件、设计软件、教育类 APP、开发工具链
具体用途	流程自动化、多语言翻译、客户画像分析、设备状态监测、课程设计、代码调试
限制条件	免费 / 付费版本、移动端兼容性、多用户协作、本地化部署、API 接入能力
使用场景	远程办公、跨境电商、临床医疗、智能制造、在线教育、政务审批
用户群体	市场营销团队、程序员、教师、HR、老年人、跨境卖家

3.5.2 功能用途说明提问的 3 个句式模板

提问模板 1：核心功能验证提问

"在［功能领域］,［工具名称］宣称的［核心功能］是否真实存在？能否提供该功能在［典型场景］中的 3 个具体使用案例？"

示例：

- "在'AI 写作工具'中，Jasper 宣称的'长文逻辑优化'功能是否真实存在？能否提供在'学术论文润色'场景中的具体案例？"

提问模板 2：场景适配性深挖提问

"对于［用户群体］在［极端场景］中的［具体需求］,［工具名称］的［功能组合］能否提供［差异化解决方案］？需对比传统手段的改进点。"

示例：

- "对于'户外探险团队'在'无网络山区'中的'实时定位共享'需求，ZOLEO 卫星通信设备的'北斗＋天通'双模功能能否替代传统对讲机？需对比信号覆盖率和设备功耗。"

提问模板 3：安全合规审查提问

"在［敏感行业］（如医疗/金融）中，使用［工具名称］的［数据相关功能］是否符合［法规名称］要求？能否提供第三方出具的合规审计报告节选？"

示例：

- "在'在线诊疗'场景中，使用腾讯会议的'屏幕共享'功能传输患者病历，是否符合 HIPAA 隐私保护标准？能否提供国际认可的 ISO 27001 认证报告？"

3.5.3　功能用途说明案例

> **案例："项目管理工具"中 Trello 的核心功能解析**

用户提问："在'项目管理工具'中，Trello 的核心功能有哪些？这些功能如何帮助远程团队解决任务协作问题？"

DeepSeek 回答：

Trello核心功能与远程团队协作解决方案

一、Trello核心功能解析

1. 可视化看板管理

- **功能描述**：通过"看板—列表—卡片"三级结构实现任务流程可视化，支持自定义看板布局（如"待办/进行中/已完成"或按项目阶段划分）。

- **协作价值**：远程团队可实时查看任务分布状态，快速定位瓶颈环节（如某列表堆积过多卡片），减少沟通成本。

2. 任务卡片精细化管控

- **功能细节**：

  - **任务拆解**：卡片内嵌检查清单（Checklist），支持将复杂任务拆解为子任务并分配责任人。

  - **动态标签**：通过颜色标签分类任务优先级（如红——紧急、绿——常规），结合筛选功能快速聚焦关键事项。

  - **时间管理**：设置截止日期触发自动提醒，避免远程成员因时差遗忘任务。

3. 自动化流程（Butler）

- **应用场景**：

  - **规则执行**：自动移动超期卡片至"延迟区"，或向负责人发送逾期通知。

  - **模板复用**：预置常见任务模板（如周报提交、需求评审），减少重复操作。

说明：因篇幅原因只展示部分回答。

3.6　特征特点说明

3.6.1　特征特点说明关键词

1. 关键词提取的核心公式

关键词提取的核心公式为［领域］+［核心属性］+［差异化表现］+［评估标准］。

示例拆解：

- "智能家居（领域）；语音控制（核心属性）；老人独立操作无压力（差异化表现）；安全性高（评估标准）。"

在这个组合里，明确"智能家居"领域框定了问题范畴；"语音控制"核心属性点明了产品的关键功能特征；"老人独立操作无压力"的差异化表现，突出了针对特殊使用人群的需求差异；"安全性高"的评估标准，强调了对产品质量的重要考量维度。这样的组合能够让提问更精准，获取的建议也更贴合实际需求。

2. 关键词库

常用关键词如表 3-6 所示。

表 3-6　常用关键词

维度	常用关键词
领域	地理分布、生态系统、气候类型、技术架构、功能模块、交互界面
核心属性	强度、密度、导电性、转化率、响应速度、兼容性、学习曲线、用户黏性、传播模式
差异化表现	迭代升级、版本差异、技术突破、竞品优势、市场份额、用户评价、压力测试、边界条件、失效模式
评估标准	成本结构、收益周期、环境负担、资源消耗、技术漏洞、舆论反馈

3.6.2　特征特点说明提问的 3 个句式模板

提问模板 1：多维度解析式提问

"请从［维度 A/ 维度 B/ 维度 C］3 个角度，分析［对象］的特征特点。"

示例：

- "请从技术架构、用户体验、商业模式 3 个角度，分析短视频平台的特征特点。"
- "请从材质、结构、功能 3 个维度描述智能手表的核心特征，要求至少使用列数字（如重量 / 尺寸）、摹状貌（如曲面屏弧度）两种说明方法。"

提问模板 2：对比定位式提问

"与［同类对象 X］相比，［对象 Y］在［特征维度］上有何独特表现？"

示例：

- "与传统燃油车相比，特斯拉在动力响应速度上有何独特表现？"
- "与传统纸质书相比，电子阅读器的触感差异有何特征，需包含物理特征（如纸张纹理和屏幕反光）和感官体验（油墨气味和蓝光疲劳）的具体描述。"

提问模板 3：用户视角式提问

"作为［用户角色］，您最关注［对象］的哪些［特征］？请按优先级排序。"

示例：

- "作为职场新人，你最关注办公笔记本的哪些特征？请按优先级排序。"
- "在暴雨天气场景中，作为外卖骑手，你最希望电动车具备哪些防水性能？"

3.6.3 特征特点说明案例

| 案例：欧盟碳边境调节机制（CBAM）的特征解读 |

用户提问："从碳中和目标、碳交易市场机制、高碳企业转型压力，解读欧盟碳边境调节机制（CBAM）的特征。"

DeepSeek 回答：

欧盟碳边境调节机制（CBAM）的特征解读

结合碳中和目标、碳交易市场机制及高碳企业转型压力，CBAM的核心特征可归纳如下：

一、与碳中和目标的深度绑定

1. 减排目标驱动

CBAM是欧盟实现《欧洲绿色协议》2030年减排55%（相比1990年）及2050年碳中和目标的配套工具，旨在通过消除"碳泄漏"风险确保本土减排成果不被进口产品抵消。

- 碳泄漏防范：通过征收进口产品碳差价，防止企业将高碳生产转移至监管宽松地区。

2. 全球气候治理延伸

CBAM不仅服务于欧盟内部减排，还通过"碳定价外溢"推动其他国家建立碳市场或提升减排力度，形成全球减排协同效应。

二、碳交易市场机制的关键联动

1. 与欧盟碳排放交易体系（ETS）的互补性

- **免费配额替代**：CBAM 在 2026—2034 年逐步取代 ETS 中钢铁、水泥等高碳行业的免费配额，直接激励企业减少碳排放。
- **碳价对标机制**：进口产品需按欧盟碳市场价格补足与生产国碳价的差额，强化碳市场对国际贸易的调节作用。

说明：因篇幅原因只展示部分回答。

3.7 事物事件描述

3.7.1 事物事件描述关键词

1. 关键词提取的核心公式

关键词提取的核心公式为 ［主体］＋［属性类型］＋［量化指标］＋［对比维度］。

示例拆解:

- "智能手表(主体);外观设计(属性);表盘直径 42mm/
  厚度 11.5mm(量化);对比同类产品重量分布(对比)。"

主体: 明确描述对象(如产品、事件、现象)。

属性类型: 区分物理特征(外观 / 材质)、功能参数(续航 /
精度)或事件要素(时间 / 参与者)。

量化指标: 用数值 / 等级精准表达(如"误差率≤ 3%""用
户满意度 4.8/5")。

对比维度: 建立参照系(如行业标准、历史数据、竞品
分析)。

2. 关键词库

常用关键词如表 3-7 所示。

表 3-7　常用关键词

维度	常用关键词
主体	工业设备、生物样本、社会事件、软件系统、文化现象、政策实施、市场波动、技术迭代、自然灾害、社会活动
属性类型	材质硬度、尺寸参数(长 / 宽 / 高)、重量分布、颜色光泽、响应速度、兼容性、续航能力、误差率、持续时间、参与方角色、影响范围(地域 / 人群)
量化指标	数值区间(0~100 分)、百分比、频次统计、等级划分(A/B/C 类)
对比维度	时间纵向对比、空间横向对比、理论值偏差分析

3.7.2　事物事件描述提问的 3 个句式模板

提问模板 1: 基础属性提问

"这个 [事物 / 事件] 的主要功能 / 目的是什么? 请描述其
核心特征(如材质、外观、参与方)。"

示例：

- "智能手表的核心功能有哪些？请说明其外观材质和续航能力。"
- "某政策实施的主要目的是什么？涉及哪些关键执行机构？"

提问模板 2：时空定位提问

"在什么时间 / 地点发生了这个［事件］？请描述具体的时间节点或地理位置。"

示例：

- "新能源汽车补贴政策在哪些城市试点？执行周期是哪几年？"
- "某历史文物的出土位置是哪里？发掘时间是哪一年？"

提问模板 3：对比分析提问

"与其他同类［事物 / 事件］相比，这个［主体］的［属性］有何差异？请列举至少 3 个对比维度（如成本、效率、外观）。"

示例：

- "这款手机摄像头性能与上一代有何提升？对比像素、夜景模式和变焦能力。"
- "新政策与旧版相比，在税收减免比例上有哪些调整？"

3.7.3　事物事件描述案例

| 案例：故宫内部建筑描述 |

用户提问："故宫内部建筑由哪些核心区域组成？请按功能分区（如政务区 / 生活区）说明各区域建筑群名称及用途。"

DeepSeek 回答：

故宫核心功能分区与建筑群解析

一、政务区（外朝）

故宫南部为政务处理核心区域，沿中轴线对称分布三大主体建筑：

1. 太和殿

- **功能**：皇帝登基、大婚、册封皇后等国家级大典举行地
- **建筑特点**：重檐庑殿顶（最高等级），檐角10只瑞兽，台基高8.13米

2. 中和殿

- **功能**：皇帝参加太和殿典礼前的临时休息场所，亦用于阅览奏章
- **建筑特点**：方形单檐攒尖顶，殿内设宝座与熏炉

3. 保和殿

- **功能**：科举殿试考场，清代皇帝宴请外藩使臣的场所
- **建筑特点**：重檐歇山顶，殿内无立柱（清代最大木构殿宇之一）

附属建筑群

- **文华殿**：明代太子理政处，清代改为经筵典礼（儒家经典讲习）举办地
- **武英殿**：明代皇帝离居地，清代皇家书局（刊印"殿本"书籍）

二、生活区（内廷）

故宫北部为皇室成员居住区域，主体建筑与功能如下：

说明：因篇幅原因只展示部分回答。

3.8　人物情感描述

3.8.1　人物情感描述关键词

1.关键词提取的核心公式

关键词提取的核心公式为［情感类型］+［表现细节］+［持续时间/强度］。

示例拆解：

- "嫉妒（情感）；同事获奖（事件）；刻意回避对方话题（细节）；持续3天（时间）。"

在这个组合中，通过分解情感维度，避免笼统描述，帮助

DeepSeek 精准识别情感诱因与表现特征。

2. 关键词库

常用关键词如表 3-8 所示。

表 3-8　常用关键词

维度	常用关键词
情感类型	复合型情感（如爱恨交织）、文化特异性情感（如乡愁）、职场相关情感
表现细节	微表情（嘴角抽动）、副语言（颤抖的声调）、象征性行为（反复整理桌面）
持续时间 / 强度	瞬发性（几秒内）、慢性（持续 6 个月以上）、周期性（每月特定日期）、轻度、中度、重度

3.8.2　人物情感描述提问的 4 个句式模板

提问模板 1：特征锚定型提问

"如何通过［具体身体部位］（如眉眼 / 手部 / 发质）的细节描写，塑造［职业 / 身份］人物的典型形象？需结合［季节 / 场景］环境特征。"

示例：

- "怎样用青筋凸起的手部特写刻画老木匠形象？要求关联冬日工作室的木屑飞舞场景。"

提问模板 2：动态捕捉型提问

"在［特定动作］（如转身 / 俯身 / 疾走）过程中，如何通过［服饰 / 配饰］的动态变化强化人物特质？需说明光影交互效果。"

示例：

- "如何描写女医生白大褂衣角翻卷的动态细节，配合急诊室走廊顶灯的光影变化，突出其干练形象？"

提问模板 3：生理映射型提问

"如何通过［器官感知］(如胃部痉挛 / 耳鸣加剧 / 掌心潮湿）的递进式生理反应，外化［情感类型］的强度变化？需匹配时间轴刻度。"

示例：

- "怎样用考生等待成绩时指尖发麻（5 分钟）→后颈冷汗渗透衣领（10 分钟）→太阳穴血管跳动（15 分钟）的生理演进，表现焦虑升级？"

提问模板 4：语言映射型提问

"如何通过［方言特点 / 语速节奏 / 修辞偏好］等语言习惯，反映［地域 / 教育背景］人物的核心性格？需关联 3 种典型对话场景。"

示例：

- "怎样用江浙方言叠词（如'好好叫'）与典故引用频率，塑造书香世家子弟的温润性格。"

3.8.3　人物情感描述案例

> 案例：通过环境共鸣描述人物情感

用户提问："请根据夏日正午蝉鸣声的突兀中止、空调冷凝水滴落节奏加快、窗帘光影晃动频率改变，来描述独居老人的孤独感，200 字以内。"

DeepSeek 回答：

独居老人的夏日计时器

蝉鸣在 12:03 集体失声，空调外机随即接管了时间的刻度——冷凝水以每秒 1.5 滴的速率敲击铝盘，这节奏让老人想起孙子学琴时胡乱敲打的《钟表店》。纱帘被风掀起 28 角的瞬间，光斑掠过五斗柜上的药盒，将降压药锡箔片照得如他年轻时收集的蝉蜕标本。

第三十九滴水珠坠落的刹那，东南风卷起纱帘，露出窗台裂缝里半片干枯的蝉翼。老人用指甲轻刮那片残翅，纹理竟与养老院缴费单上的防伪水印完全重叠。空调突然发出嗡鸣，惊飞了纱帘褶皱里假寐的壁虎，那逃窜的轨迹像极了他手机通讯录中渐次灰暗的头像列表。

当最后一滴水在锈蚀的接水盘蒸发时，老人终于听清：蝉群撤离后的寂静里，连机械的滴答声都成了唯一的活物。

说明：因篇幅原因只展示部分回答。

3.9 场景动作描述

3.9.1 场景动作描述关键词

1. 关键词提取的核心公式

关键词提取的核心公式为［场景类型］+［主体动作］+［动作细节］+［环境互动］。

示例拆解：

- "火灾现场（场景）；消防员（主体）；逆着浓烟冲刺（动作）；呼吸器发出尖锐啸叫（细节）；热浪扭曲防护面罩视野（环境互动）。"

场景类型： 定义动作发生的物理 / 社会空间（如暴雨中的地铁站 / 会议室辩论）。

主体动作： 明确动作执行者的行为本质（如老人颤抖着签字 / 猎豹加速冲刺）。

动作细节： 捕捉动作的可量化特征（如握笔力度 0.5N/ 肌肉激活顺序）。

环境互动：揭示动作与场景的双向影响（如踩碎枯叶引发响动 / 空调气流扰动发丝）。

2. 关键词库

常用关键词如表 3-9 所示。

表 3-9　常用关键词

维度	常用关键词
场景类型	自然场景（如森林、海滩）、社会场景（如市场、学校）、室内场景（厨房、书房）
主体动作	奔跑、阅读、飞翔、游泳、降雨、刮风
动作细节	速度、力度、频率、姿态
环境互动	动作对环境的改变（如脚印、水波纹）、环境对动作的影响（如风力、地面摩擦力）

3.9.2　场景动作描述提问的 3 个句式模板

提问模板 1：环境交互型提问

"如何通过［自然现象］（如雨点击打 / 风向突变）与［人物动作］的实时互动，构建［情绪类型］的沉浸式表达？"

示例：

- "如何通过暴雨中出租车顶棚的雨击声与乘客反复查看手机的动作共振，表现赴约途中的焦灼感？"

提问模板 2：复合动作型提问

"在［连续动作链］（如开锁—推门—脱鞋）的系列行为中，如何通过［物品状态］（如钥匙齿痕深度 / 门轴吱呀频率 / 鞋尖磨损角度）的拓扑关联，暗示［隐藏信息］？"

示例：

- "如何用消防员归队时头盔凹痕（5mm 深）→防护服汗

渍盐晶分布（左肩密集）→水带收卷角度（73°偏移）的复合痕迹，暗示刚经历的火场危机等级？"

提问模板 3：感官协同型提问

"如何通过［两种以上感官通道］（如视觉＋听觉＋触觉）的交替强化，实现［抽象概念］（如信任崩塌／记忆复苏）的具象传递？需设定感官刺激的衰减曲线。"

示例：

- "怎样用旧物整理场景中樟脑味浓度衰减→相册翻页声间隔延长→毛衣纤维静电减弱的多通道协同，外化记忆淡忘过程？"

3.9.3　场景动作描述案例

| 案例：考试考前焦虑状态的描述 |

用户提问："通过暴雨中空调外机滴水声与考生反复翻书形成对抗性节奏，用一段文字来描述考生的考前焦虑状态。"

DeepSeek 回答：

考生考前焦虑状态描写

暴雨捶打窗棂的轰鸣声与空调外机滴水声交织成虚网，考生翻书的沙沙声像一把钝刀，生生割裂着雨幕的节奏。书页边缘早已被折出锯齿状的褶皱，指尖无意识摩挲纸面时带起的静电刺痛，让台灯冷白的光晕愈发刺目。

潮湿空气裹着铁锈味的雨腥往鼻腔里钻，他每隔几秒就要吞咽唾沫，喉结滚动得像卡了碎石子。荧光笔在重点句上反复涂抹，晕开的墨迹如同渗血的伤口，而橡皮擦在空白处机械摩擦，碎屑堆积成一座微型废墟——仿佛多擦几下就能抹去那些记不牢的公式。

窗外暴雨倾泻如天河倒灌，雨水顺着空调外机铁皮蜿蜒成扭曲的泪痕。考生忽然僵住动作，瞳孔里映着书页上密密麻麻的字迹，耳畔却只剩下两种声音：雨滴砸在金属棚顶的战鼓声，和自己太阳穴血管突突跳动的回响。

此刻连呼吸都成了负担，胸腔起伏的幅度牵动湿透的校服黏在后背。他猛地抓起水杯灌下一口冷水，水流滑过食道的凉意激得胃部抽搐，却浇不灭脑海里沸腾的杂音——那是未背完的课文在暴雨中碎裂，混着母亲追到校门口递伞时的喘息声，在记忆深处反复回放。

说明：因篇幅原因只展示部分回答。

3.10　现象行为解释

3.10.1　现象行为解释关键词

1. 关键词提取的核心公式

关键词提取的核心公式为［现象类型］+［矛盾表现］+［潜在诉求］+［认知偏差］。

示例拆解：

- "职场新人反复修改汇报 PPT（现象类型）却不敢提交（矛盾表现）；渴望专业认可（潜在诉求）；过度完美主义（认知偏差）。"

在这个组合中，"现象类型"锚定具体情境，"矛盾表现"凸显外显行为与内在目标的冲突，"潜在诉求"揭示深层需求，"认知偏差"解释行为逻辑断裂点。这样的提问能够形成完整的解释链条。

2. 关键词库

常用关键词如表 3-10 所示。

表 3-10　常用关键词

维度	常用关键词
现象类型	天气变化、地质活动、经济波动、文化变迁、学习习惯、消费选择、心理焦虑、行为习惯、群体行为、文化符号
矛盾表现	具体表现、重复动作、矛盾行为、异常反应、伴随现象、连锁反应
潜在诉求	深层动机、潜在诉求、安全需求、控制欲补偿
认知偏差	错误认知、逻辑断裂、过度联想、完美主义陷阱

3.10.2　现象行为解释提问的 4 个句式模板

提问模板 1：矛盾溯源式提问

"当［行为场景］时，［主体］持续出现［高频行为］却无法达成［预期目标］，如何解释这种矛盾？"

示例：

- "职场新人通宵修改 PPT 却始终不敢提交，如何解释其行为与目标的背离？"

提问模板 2：隐喻映射式提问

"［具体行为］（如反复擦拭文具）是否可类比于［抽象心理机制］（如为武器抛光）的具象化表现？"

示例：

- "考生考前频繁整理书桌，是否象征对未知风险的仪式化防御行为？"

提问模板 3：变量对比式提问

"在［对照组］（如独居者与合租者）中，［目标行为］（拖延行为）的差异性如何反映［核心动因］？"

示例：

- "城市白领与自由职业者的报复性熬夜行为，折射出何种社会时钟压迫差异？"

提问模板 4：语义指向解析式提问

"在［复合行为］（如边刷题边听音乐）中，［核心动作］（刷题）与［伴随动作］（听音乐）的语义指向是否一致？"

示例：

- "家长陪读时频繁刷手机的行为，其表层陪伴与深层逃避诉求如何共存？"

3.10.3　现象行为解释案例

| 案例：为什么网络暴力现象会频繁出现？ |

用户提问："为什么网络暴力现象会频繁出现？"

DeepSeek 回答：

网络暴力现象频繁出现的核心原因

一、匿名性与虚拟环境

1. **匿名保护机制**：网络用户通过虚拟身份发言时，现实社会的道德约束力减弱，语言攻击成本趋近于零，形成"法不责众"的集体心理。

2. **虚拟人格分离**：匿名环境使网民将线上行为与线下人格割裂，更容易释放攻击性言论而不必承担现实后果。

二、群体效应与从众心理

1. **情绪传染机制**：群体讨论中负面情绪快速扩散，个体在匿名状态下易被裹挟加入攻击行列，形成"集体狂欢"效应。

2. **一致性偏见放大**：网民倾向于将攻击行为归因为施暴者"本性恶劣"，而忽视社交平台算法推荐、信息茧房等环境因素对群体行为的塑造作用。

三、情绪宣泄与社会压力转嫁

1. **现实矛盾转移**：经济差距、阶层对立等社会问题在网络空间被简化为标签化攻击，成为网民发泄不满的出口。

2. **快餐式情绪释放**：碎片化信息传播助长非理性判断，网民通过极端言论快速获取关注与认同感。

四、监管滞后与法律执行困境

1. **平台责任模糊**：部分社交平台为流量纵容争议性内容传播，对恶意言论的识别与封禁效率不足。

说明：因篇幅原因只展示部分回答。

第 **4** 章

请求步骤程序流程

4.1 操作执行步骤

4.1.1 操作执行步骤关键词

1. 关键词提取的核心公式

关键词提取的核心公式为［任务类型］＋［执行目标］＋［执行步骤/方法］＋［工具/资源］＋［预期结果］＋［约束］。

示例拆解：

- "提高健康食品新品上市转化率（任务类型）→实现首月购买转化率 12% 的目标（执行目标）→配置自动化工具监测'曝光→点击→加购'转化链路（执行步骤/方法）→设计 A/B 测试对比不同 KOL 组合效果（工具/资源）→转化率提升至 15%（预期结果）→遵守广告法，规避虚假宣传（约束）。"

在这个组合中，"任务类型"明确了业务攻坚的核心方向（健康食品新品转化提升），"执行目标"量化了关键里程碑（首月转化率 12%），"执行步骤/方法"通过"工具/资源"追踪实现，测试对比不同 KOL 组合效果作为工具，预期结果以转化率指标验证，"约束"条件则以合规性为底线保障策略可持续性。

2. 关键词库

常用关键词如表 4-1 所示。

表 4-1　常用关键词

维度	常用关键词
任务类型	生产流程、客户服务、销售执行、项目管理、物流配送、质量控制、应急响应、数据分析等
执行目标	标准化操作、提升效率、降低成本、减少错误、提高满意度、确保合规、达成 KPI 等

（续表）

维度	常用关键词
执行步骤／方法	制定 SOP、PDCA 循环、5W1H 分析、甘特图规划、流程图设计、检查表验证、任务分解等
工具／资源	ERP 系统、Trello、Excel、甘特图、自动化软件、团队协作平台（如飞书、钉钉）等
预期结果	错误率降低、KPI 达标率提升、执行报告生成、流程可复用、时间缩短 30% 等
约束	低成本、快速执行、可扩展性、员工易上手、适应远程协作、符合行业标准（如 ISO）等

4.1.2 操作执行步骤提问的 4 个句式模板

模板 1：流程设计型

"如何通过［执行步骤／方法］实现［任务类型］的［执行目标］？需使用［工具／资源］，并达成［预期结果］。"

示例：

- "如何通过制定 SOP 流程实现客户服务响应速度的提升目标？需使用 Zendesk 客服系统和工单模板，并达成首次响应时间缩短至 1 分钟内的结果。"

模板 2：工具应用型

"在［任务类型］中，如何运用［工具／资源］完成［执行目标］？需按照［执行步骤／方法］操作，并验证［预期结果］。"

示例：

- "在销售执行中，如何运用 CRM 系统完成客户跟进效率的提升目标？需按照客户分级管理步骤操作，并验证客户转化率提高 20% 的结果。"

模板 3：步骤拆解型

"将［执行目标］拆解为哪些具体步骤？需结合［工具 / 资源］，并确保［预期结果］可量化。"

示例：

- "在生产过程中，可将生产流程中的质量控制目标拆解为哪些具体步骤？需结合自动化检测设备和检查表，并确保产品合格率提升至 99%。"

模板 4：结果导向型

"为达成［预期结果］，［任务类型］需执行哪些［执行步骤 / 方法］？需依赖［工具 / 资源］支持。"

示例：

- "为达成物流成本降低 15% 的预期结果，物流配送需执行哪些路线优化步骤？需依赖 ERP 系统和地图分析工具支持。"

4.1.3　操作执行步骤提问案例

案例：生产流程效率提升

用户提问："如何通过 PDCA 循环和甘特图规划，实现生产流程效率的提升目标？需使用 ERP 系统和自动化脚本，并达成单位时间产量提高 20% 的结果。"

DeepSeek 回答：

要实现"通过PDCA循环和甘特图规划，结合ERP系统和自动化脚本，提升生产流程效率20%"的目标，可以按照以下结构化方案执行：

> **1. 计划阶段（Plan）—— 目标设定与方案制定**
>
> **(1) 目标设定**
>
> • **核心目标**：单位时间产量提高20%（如原100件/小时提升至120件/小时）。
>
> • **关键指标**：
>   ○ 生产周期时间（Cycle Time）缩短
>   ○ 设备利用率提升
>   ○ 人工操作效率优化
>   ○ 不良率降低
>
> **(2) 现状分析**
>
> • **数据收集**（通过ERP系统导出历史数据）：
>   ○ 当前单位时间产量
>   ○ 生产瓶颈（如某工序耗时最长）

说明：因篇幅原因只展示部分回答。

4.2 制作制定步骤

4.2.1 制作制定步骤关键词

1. 关键词提取的核心公式

关键词提取的核心公式为［任务拆解］＋［步骤排序］＋［资源分配］＋［时间定义］＋［质量检查点］＋［输出标准］。

示例拆解：

• "设计新品上市推广计划（任务拆解）→市场调研、内容制作、渠道投放、效果监测四大阶段（步骤排序）→市场部负责调研、设计团队制作素材、运营团队执行投放（资源分配）→调研3天、制作5天、投放7天（时间定义）→投放3天后设置数据复盘节点（质量检查点）→收集推广报告与转化率数据（输出标准）。"

在这个组合中，"任务拆解"将复杂问题模块化，"步骤排序"遵循"发现问题→设计解决方案→实施→验证"的逻辑链，"资源分配"实现专业团队与任务颗粒度的精准匹配，"时间定义"采用倒排工期法确保项目可控，"质量检查点"以交付物为锚点形成闭环管理，"输出标准"既包含过程文档又量化效果验证，形成了"目标—执行—监控—交付"的完整闭环。

2. 关键词库

常用关键词如表 4-2 所示。

表 4-2　常用关键词

维度	常用关键词
任务拆解	模块化拆解、阶段划分、子任务、目标分解、工作包创建、交付物清单等
步骤排序	逻辑排序、依赖关系分析、优先级设定、甘特图规划、关键路径识别、里程碑设定等
资源分配	人力分配、预算规划、设备调度、供应商协作、跨部门协调、技能匹配等
时间定义	截止日期设定、进度甘特图、时间节点标注、弹性时间预留、里程碑时间窗、阶段交付周期等
质量检查点	阶段性评审、交付物验收、合规性检查、风险预警机制、数据验证节点、用户测试环节等
输出标准	量化指标（如准确率 ≥ 95%）、可交付成果（如报告模板）、验收标准（如客户签字确认）、质量等级定义等

4.2.2　制作制定步骤提问的 4 个句式模板

模板 1：流程细化型

"如何将［任务拆解］为可执行的［步骤排序］？明确［资源分配］有哪些，并设定［质量检查点］以达成［输出标准］。"

示例：

- "如何将'用户增长计划'拆解为可执行的拉新、留存、转化阶段？需分配增长团队负责拉新、产品团队优化留存功能，并设定每周数据复盘节点以达成 DAU 提升 20% 的输出标准。"

模板 2：资源依赖型

"在［任务拆解］中，如何根据［资源分配］制定［步骤排序］？需明确［时间定义］，并确保［质量检查点］覆盖关键风险点。"

示例：

- "在'产品上线计划'中，如何根据开发、测试、运维资源制定版本迭代步骤？需明确各阶段起止时间，并确保上线前设置安全漏洞扫描检查点。"

模板 3：时间驱动型

"若需在［时间定义］内完成［任务拆解］，应如何进行［步骤排序］？需依赖［资源分配］支持，并设置［输出标准］验证成果。"

示例：

- "若需 30 天内完成'品牌升级项目'，应如何排序市场调研、VI 设计、渠道更新步骤？需依赖设计团队与供应商的资源支持，并设置品牌曝光度提升 30% 的输出标准验证成果。"

模板 4：质量导向型

"为通过［质量检查点］，保障［任务拆解］质量，应如何设计［步骤排序］？需结合［资源分配］与［时间定义］优化执行路径。"

示例：

- "为通过代码审查与性能测试，保障'系统重构项目'质量，应如何设计开发、测试、回滚步骤？需结合开发团队与 QA 资源，并设定 2 周迭代周期优化执行路径。"

4.2.3 制作制定步骤提问案例

| 案例：制作产品上线步骤 |

用户提问："如何将'产品上线步骤'拆解为需求评审、开发测试、预发布验证、正式上线四个阶段？需分配产品经理负责需求文档输出、开发团队负责代码实现、运维团队负责环境部署，并设定需求冻结后 3 天完成开发、预发布前 1 天完成全链路压测的质量检查点，最终达成上线后 2 小时内无 P0 级故障的输出标准。"

DeepSeek 回答：

以下是**产品上线流程的标准化拆解**，明确各阶段职责、关键检查点及输出标准，确保高效协作与质量可控：

1. 阶段拆解与职责分工

阶段	负责人	核心任务	关键输出物
1.1 需求评审	产品经理	- 输出PRD（需求文档） - 组织跨部门评审（研发、测试、运维） - 确认需求优先级与排期	- 冻结版PRD - 评审会议纪要
1.2 开发测试	开发团队	- 代码实现（需求冻结后3天内完成） - 单元测试/接口测试 - 提测版本交付	- 可测试版本 - 测试报告
1.3 预发布验证	测试团队+运维	- 全链路压测（预发布前1天完成） - 环境配置检查 - 安全扫描与性能验收	- 压测报告 - 预发布验收清单
1.4 正式上线	运维团队	- 灰度发布（分批上线） - 监控告警配置 - 回滚预案准备	- 上线checklist - 发布日志

2. 关键检查点与质量门禁

检查点	执行时间	标准	负责人
需求冻结	需求评审阶段结束时	- PRD无歧义且各方签字确认 - 需求变更需走紧急流程审批	产品经理
开发完成	需求冻结后第3天	- 代码100%通过Code Review - 单元测试覆盖率≥80%	开发Leader

说明：因篇幅原因只展示部分回答。

4.3 应对应急步骤

4.3.1 应对应急步骤关键词

1. 关键词提取的核心公式

关键词提取的核心公式为［触发条件］＋［应对计划］＋［升级路径］＋［资源调配］＋［沟通机制］＋［事后复盘］。

示例拆解：

- "若发生'项目关键成员突然离职'（触发条件）→启动知识交接流程，临时调配团队资源（应对计划）→若3天内无法恢复进度，则升级至部门负责人决策（升级路径）→协调HR部门与外部顾问支持（资源调配）→每日站会同步项目状态（沟通机制）→优化人才储备与知识管理机制（事后复盘）。"

在这个组合中，"触发条件"明确风险信号，"应对计划"定义即时行动，"升级路径"设定决策层级，"资源调配"保障资源到位，"沟通机制"确保信息透明，"事后复盘"推动流程改进。六者协同，确保从风险识别到能力升级的全链路闭环。

2. 关键词库

常用关键词如表4-3所示。

表 4-3　常用关键词

维度	常用关键词
触发条件	人员变动、资源短缺、流程卡点、客户投诉、政策变更、外部风险、技术故障等
应对计划	临时替代、流程优化、资源调配、客户安抚、合规调整、外部合作、紧急采购等
升级路径	团队负责人介入、跨部门协作、高管决策、外部专家支持、政府报备、法律咨询等
资源调配	人力增援、预算追加、供应商支持、工具部署、备用资源启用、知识转移等
沟通机制	每日站会、邮件通报、即时通信、客户沟通会、内部公告、媒体声明等
事后复盘	根因分析、流程优化、预案更新、能力培训、资源储备、合规审查等

4.3.2　应对应急步骤提问的 6 个句式模板

提问模板 1：触发条件驱动型

"若发生［触发条件］，应如何设计包含［应对计划］、［升级路径］、［资源调配］与［沟通机制］的应急方案？最终通过［事后复盘］实现哪些改进？"

示例：

- "若发生'核心供应商突然涨价'，应如何设计包含'启动备选供应商谈判＋调整产品定价'的应急方案？需明确'谈判破裂则升级至采购总监决策'的升级路径，调配法务与财务团队支持，通过客户邮件说明成本变动，事后优化供应商评估标准。"

提问模板 2：资源约束型

"在［资源调配］受限时，如何调整［应对计划］以应对

［触发条件］？需通过［升级路径］快速获取哪些支持，并通过［沟通机制］降低负面影响？"

示例：

- "在'预算不足'时，如何调整'紧急采购原材料'计划以应对'生产停滞'？需通过'升级至财务总监'协调备用资金，并通过'员工大会'说明临时调整方案。"

提问模板 3：沟通透明型

"为通过［沟通机制］确保［应对计划］执行透明，应如何设计分级响应与同步机制？需结合［升级路径］明确哪些信息必须实时传递？"

示例：

- "为通过'每日站会'确保'项目进度恢复'透明，应如何设计'执行层→管理层→客户'的分级响应机制？需明确'当前进度、延迟原因、补偿方案'等关键信息实时同步。"

提问模板 4：复盘驱动型

"基于［事后复盘］结论，如何重构［应对计划］以应对未来类似［触发条件］？需更新哪些［升级路径］与［资源调配］策略？"

示例：

- "基于'上次客户投诉因响应延迟'复盘，如何重构'24小时响应机制'？需更新'客服团队排班制度'，并增加'AI工单自动分配'资源池。"

提问模板 5：跨团队协作型

"针对［触发条件］，如何协调［部门 A］、［部门 B］与［外部合作伙伴］的［应对计划］，确保［沟通机制］对齐并避免资源冲突？"

示例：

- "针对'新产品上市延期'，如何协调'研发部''市场部'
与'物流供应商'的响应？需通过'联合工作组'统一
对外声明，并明确'技术调试→宣传调整→物流加速'
的协作流程。"

提问模板 6：预案优化型

"为应对［触发条件］，需提前制定哪些［标准化流程］或
［检查清单］？如何通过［沟通机制］验证其有效性？"

示例：

- "为应对'关键岗位人员离职'，需提前制定'知识交接
检查清单'与'临时替代流程'，并通过'模拟演练'验
证其完整性与可操作性。"

4.3.3　应对应急步骤案例

| 案例 1：应对核心成员离职 |

用户提问："若发生'项目技术负责人突然离职'，应如何
设计包含'知识交接+临时替代+外部顾问支持'的应急方案？
需明确'若 3 天内无法恢复则升级至 CTO 决策'的升级路径，
调配 HR 部门与猎头资源，通过每日站会同步交接进度，事后
优化人才储备与知识管理机制。"

DeepSeek 回答：

> ⚡ 以下是针对"项目技术负责人突然离职"的应急方案设计，涵盖 短期应急响应、中期过渡管理 和 长期机制优化，确保项目风险可控并最小化影响：
>
> **一、紧急响应阶段（0~24 小时）**
>
> **1. 成立应急小组**
>
> | 角色 | 职责 |
> |------|------|
> | 临时技术Owner | 由团队内资深工程师暂代（需CTO任命） |
> | HRBP | 协调离职交接流程、启动猎头资源 |
> | PMO | 监控项目风险，每日站会同步进展 |
>
> **2. 知识交接清单（优先级排序）**
>
> - **核心资产：** 代码权限、架构图、未上线方案设计文档
> - **关键关系：** 客户/合作方对接人、第三方服务商接口人
> - **风险项：** 当前技术债务、已知未解决Bug清单
>
> **工具支持：**
> - 使用 Confluence/Lark文档 创建《离职交接追踪表》，标注完成状态（☑/⚠/✖）
> - 录制 关键操作视频（如部署流程、故障处理）
>
> **二、过渡管理阶段（1~3 天）**
>
> **1. 临时替代方案**
>
> - 内部顶替：
>   - 指定1名后备技术骨干（需提前在人才池中标识）
>   - 分配"影子学习期"（原负责人最后工作日带教）
>
> ⌄

说明：因篇幅原因只展示部分回答。

4.4 议事议程程序

4.4.1 议事议程程序关键词

1. 关键词提取的核心公式

关键词提取的核心公式为［目标设定］＋［议程架构］＋［时间分配］＋［引导规则］＋［决策机制］＋［后续行动］。

示例拆解：

- "为推进'跨部门协作流程优化'（目标设定）→设计议程包含'现状诊断→痛点分析→方案提案→共识达成'（议程架构）→各环节 30/20 分钟（时间分配）→'轮流发言＋限时质询'规则（引导规则）→'投票＋高管裁决'决策机制（决策机制），会后 24 小时内输出行动清单（后续行动）。"

在这个组合中，"目标设定"锚定会议方向，"议程架构"搭建逻辑框架，"时间分配"保障效率，"引导规则"维护秩序，"决策机制"推动结论，"后续行动"确保落地。六者协同，确保从议题发起到达成共识的全链路闭环。

2. 关键词库

常用关键词如表 4-4 所示。

表 4-4　常用关键词

维度	常用关键词
目标设定	战略对齐、问题解决、决策推进、信息同步、创新孵化、冲突调解、资源协调等
议程架构	现状分析、目标拆解、方案提案、风险评估、共识达成、行动计划、责任分配等
时间分配	黄金时间法则（前 15 分钟聚焦核心）、帕金森定律规避、弹性缓冲时段等
引导规则	轮流发言、限时质询、禁止打断、匿名投票、主持人中立、可视化记录等
决策机制	民主投票、权重评分、高管裁决、共识阈值（如 70% 同意）、多轮反馈等
后续行动	行动清单、责任人、截止日期、进度追踪、复盘机制、奖惩条款等

4.4.2 议事议程程序提问的 6 个句式模板

提问模板 1：目标导向型

"为达成［目标设定］，应如何设计包含［议程架构］与［时间分配］的会议流程？需通过［引导规则］确保高效讨论，最终通过［决策机制］输出［后续行动］？"

示例：

- "为达成'新产品上市策略共识'，应如何设计包含'市场分析→竞品对标→方案 PK →资源匹配'的议程？需分配各环节 40/20/30/10 分钟，通过'限时 3 分钟提案＋匿名投票'规则决策，会后输出资源需求清单与责任人。"

提问模板 2：效率优化型

"在［时间分配］受限时，如何调整［议程架构］以达成［目标设定］？需通过［引导规则］避免跑题，并通过［决策机制］快速达成共识？"

示例：

- "在'1 小时会议'限制下，如何调整'年度预算审议'议程？需压缩'部门汇报'至 15 分钟，采用'只提差异项＋高管质询'规则，通过'权重评分法'快速对预算分配做出决策。"

提问模板 3：冲突调解型

"针对［目标设定］中的潜在冲突，应如何设计［议程架构］与［引导规则］？需通过［决策机制］平衡多方利益，并明确［后续行动］的追责条款？"

示例：

- "针对'部门资源争夺'，应如何设计'需求陈述→优先级排序→利益交换→协议签署'议程？需通过'中立调

解人＋书面承诺'规则，采用'高管仲裁'机制，会后
签署资源分配备忘录。"

"为激发［目标设定］中的创新思维，应如何设计［议程架
构］与［引导规则］？需通过［决策机制］筛选可行方案，并
规划［后续行动］的试点验证。"

示例：

- "为激发'客户体验优化'创新，应如何设计'痛点脑
  暴→疯狂点子→可行性评估→试点提案'议程？需通过
  '禁止批评＋匿名投票'规则，采用'试点小组竞选'机
  制，会后启动 3 个月试点计划。"

"在远程会议场景下，如何调整［议程架构］与［引导规
则］以达成［目标设定］？需通过［决策机制］确保异步参与
有效性，并明确［后续行动］的线上协作工具？"

示例：

- "在'跨国团队远程会议'中，如何调整'项目复盘'议
  程？需增加'异步问题收集'环节，采用'文字提案＋
  语音表决'规则，通过'时间区协调投票'机制，会后
  使用 Trello 跟踪行动项。"

"基于［后续行动］的复盘结论，如何优化［议程架构］与
［引导规则］以提升未来会议效率？需更新［决策机制］以适配
新场景？"

示例：

- "基于'上次会议决策执行率低'的复盘，如何优化'战略

研讨会'议程？需增加'决策可行性预审'环节，采用'红蓝军对抗'规则，更新'决策后 24 小时启动执行'机制。"

4.4.3　议事议程程序提问案例

| 案例：跨部门协作流程优化会议 |

用户提问："为推进'跨部门协作流程优化'，应如何设计包含'现状诊断→痛点分析→方案提案→共识达成'的议程？需分配各环节 30/20/30/20 分钟，通过'轮流发言＋限时质询'规则，采用'投票＋高管裁决'机制，会后 24 小时内输出行动清单？"

DeepSeek 回答：

以下是针对"跨部门协作流程优化"的高效会议议程设计，涵盖 时间分配、规则设定、决策机制及输出要求，确保会议聚焦且可落地：

会议议程设计

1. 基本信息

- **时长：** 100分钟
- **参会人：** 各部门负责人（建议 ≤ 8 人）、高管决策者（如 COO）、会议记录员
- **工具：** 计时器、投票贴纸、白板/在线协作工具（如Miro）

2. 详细议程

环节	时间	内容与规则	负责人	输出物
1. 现状诊断	30min	- 各部门轮流发言（每人3分钟），用数据说明当前协作痛点（如审批耗时、信息孤岛） - 记录员实时汇总问题至白板	会议主持人	协作现状问题清单
2. 痛点分析	20min	- 分组讨论（2~3 人/组），对问题归类（如流程、工具、文化） - 每组1分钟陈述核心结论	各组代表	痛点分类短车
3. 方案提案	30min	- 各部门提出1项优化建议（需含具体措施，如用飞书审批替代邮件） - 限时质询：每个提案接受 2 个提问（提问者限时 30 秒）	提案部门负责人	候选解决方案清单
4. 共识达成	20min	- 投票：每人3票选最优方案（贴纸投票） - 高管裁决：票数接近时由COO最终决策 - 确认TOP3优先级方案	高管决策者	优先级方案及执行责任人

说明：因篇幅原因只展示部分回答。

第 5 章

请求创意创作创建

5.1　广告策划创意

5.1.1　广告策划创意关键词

1. 关键词提取的核心公式

核心公式 1：PAST 模型

关键词提取的核心公式 1 为［目标］+［人群］+［场景］+［工具］。

示例拆解：

- "提升高端护肤品品牌认知度（目标）→高知女性群体（人群）→高端商场专柜 + 艺术展览场景（场景）→ AI 肤质检测仪 + 定制化内容推送（工具）。"

在这个组合中，"目标"锚定了核心任务方向，"人群"定位划定了受众边界，"场景"选择框定了执行环境，"工具"应用提供了落地手段，四者通过目标导向形成闭环——目标决定人群画像，人群反推场景触点，场景适配工具形态，工具强化目标达成，最终确保广告策划从创意到执行的全链路精准对焦。

核心公式 2：STAR 模型

关键词提取的核心公式 2 为［背景］+［任务］+［行动］+［预期结果］。

示例拆解：

- "品牌认知度低（背景）→6 个月内提升复购率 20%（任务）→建立会员专属育儿知识库 + 积分兑换体系（行动）→会员活跃度提升 30%，复购率达标（预期结果）。"

在这个组合中，"背景"勾勒出挑战框架，"任务"确立突围坐标，"行动"创造差异价值，"预期结果"设定验证标尺，四者构成动态循环——背景催生任务，任务驱动行动，行动孕育结果，结果重塑背景认知，形成策略从诊断到进化的自我迭代系统。

2. 关键词库

常用关键词如表 5-1 所示。

表 5-1　常用关键词

维度	常用关键词
目标	品牌影响力提升、产品市场占有率提高、用户终身价值（LTV）提升、品牌心智占位创意、全渠道转化率优化、品类关联度强化、品牌溢价能力构建等
人群	银发族、小镇青年、高知群体、母婴家庭、企业决策者、跨境消费群体等
场景	线下体验店、行业峰会、公益事件、产品生命周期、本地化、B2B 企业、季节等
工具	跨媒介广告素材适配、消费者决策路径模拟、媒介组合 ROI 预测、广告法合规检测等
背景	全球消费分级、行业法规变化、跨文化广告禁忌、宏观经济波动、技术变革、可持续发展需求、隐私保护等
任务	品牌故事、广告内容情感共鸣、广告视觉效果、媒介触点优化、跨渠道预算分配、广告效果、危机预警机制建设等
行动	全球化广告本土化、线下广告数字化升级、广告创意迭代、私域流量反哺公域、跨行业广告资源置换、广告内容 IP 化运营、广告主 KOL 生态共建等
预期结果	品牌认知度提升、广告回忆度超越、用户自发品牌内容生产率提高、广告投资回报率（ROI）倍增、品牌搜索指数持续增长、广告口碑传播裂变系数增加、品类关联度市场排名提升等

5.1.2　广告策划创意提问的 7 个句式模板

提问模板 1：定位诊断型

"为［品牌］在［市场环境］中定位，需避开竞品［常见

卖点]，找到 [数量] 差异化突破口，要求符合 [人群特征] +
[预算限制]。"

示例：

- "为新锐咖啡品牌在精品咖啡红海市场中定位，需避开
  '产地''风味'常见卖点，找到 3 个差异化突破口，符
  合都市上班族'快奢'需求，预算 80 万元。"

- "为高端家电品牌在智能家居红海中定位，需避开'性价
  比'常见卖点，找到 2 个差异化突破口，符合中产家庭
  '科技感 + 设计美学'需求，预算 150 万元。"

提问模板 2：创意激发型

"结合 [热点事件 / 文化符号]，用 [反常识角度] 设计广
告创意，要求包含 [情感类型] + [交互形式]，并说明 [传播
机制]。"

示例：

- "结合'AI 替代人类'热点，用'AI 主动拒绝执行指令'
  反常识角度设计公益广告，包含'危机感 + 幽默感'情
  感，采用 H5 模拟 AI 对话交互，通过分享解锁剧情实现
  裂变。"

- "结合'碳中和'热点，用'废弃材料变身奢侈品'反常
  识角度设计环保广告，包含'敬畏感 + 参与感'，采用线
  下材料改造工作坊形式，通过用户作品展览实现传播。"

提问模板 3：跨界融合型

"将 [产品功能] 与 [非关联领域] 结合，提出 [数量] 个
颠覆性创意概念，需包含 [用户参与环节] + [跨界冲突感]。"

示例：

- "将办公椅'人体工学设计'与'太空探索'结合，提

出'零重力办公体验舱''星际坐姿矫正系统'2 个概念，用户参与 VR 模拟太空工作场景，制造科技与日常冲突话题。"

提问模板 4：数据驱动型

"基于［数据维度］，诊断当前广告方案的［数量］个失效环节，提出［具体优化手段］，量化目标为［指标提升］。"

示例：

- "基于用户停留时长数据，诊断汽车广告 H5 页面的 2 个失效环节（如配置参数页跳出率高），提出'3D 车型旋转展示＋一键对比竞品'优化手段，目标页面停留时长提升 40%。"

提问模板 5：风险预判型

"为［活动类型］预判 Top［数量］风险，按［排序标准］排序，设计［预防＋补救］双预案，包含［预算/资源调配］方案。"

示例：

- "为线下新品发布会预判 Top3 风险（嘉宾缺席、设备故障、媒体负面报道），按影响程度排序，设计备用嘉宾名单＋双设备冗余＋舆情监测团队方案，备用预算占比 15%。"

提问模板 6：效果倍增型

"在［原有方案］基础上，通过［策略类型］策略，实现［效果指标］提升［百分比］，需说明［资源需求］＋［执行难点］。"

示例：

- "在常规户外广告方案基础上，通过'AR 互动＋地理位置触发’策略，实现品牌记忆度提升 50%。需协调 AR 技术供应商，解决多设备兼容性难点。”

提问模板 7：组合嵌套型

“基于 PAST 模型，针对［人群］在［场景］中通过［工具］实现［目标］，结合跨界融合型句式提出创意概念，并预判 Top1 风险。”

示例：

- “基于 PAST 模型，针对 Z 世代在音乐节场景中通过‘可穿戴设备’实现‘品牌沉浸式体验’目标，结合跨界融合型句式提出‘音乐节奏可视化纹身贴’创意，预判‘设备电量不足’风险，设计充电站＋备用贴纸方案。”
- “针对（P）年轻妈妈群体，（A）0 ～ 3 岁婴童，（S）母婴店线下场景，（T）AR 互动装置，设计纸尿裤广告方案。将‘吸水性能’与‘太空探索’结合，策划‘尿液转化火箭燃料’AR 游戏，预判‘儿童害怕设备’风险并设计卡通化界面。”

5.1.3　广告策划创意提问案例

| 案例：高端白酒品牌策划 |

用户提问：“为提升品牌文化认同感，设计企业决策者人群的‘千年酒脉’主题高端商务晚宴方案，方案中要体现通过 AR 技术展示酿酒工艺，搭配 AI 根据宾客口味推荐酒款，强化品牌历史传承与科技感。”

DeepSeek 回答：

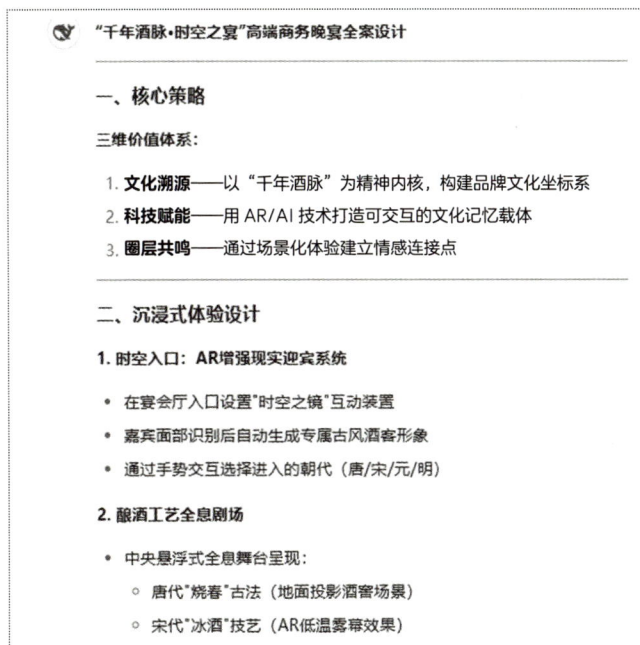

> **"千年酒脉·时空之宴"高端商务晚宴全案设计**
>
> ### 一、核心策略
>
> **三维价值体系：**
>
> 1. **文化溯源**——以"千年酒脉"为精神内核，构建品牌文化坐标系
> 2. **科技赋能**——用 AR/AI 技术打造可交互的文化记忆载体
> 3. **圈层共鸣**——通过场景化体验建立情感连接点
>
> ### 二、沉浸式体验设计
>
> **1. 时空入口：AR 增强现实迎宾系统**
>
> - 在宴会厅入口设置"时空之镜"互动装置
> - 嘉宾面部识别后自动生成专属古风酒客形象
> - 通过手势交互选择进入的朝代（唐/宋/元/明）
>
> **2. 酿酒工艺全息剧场**
>
> - 中央悬浮式全息舞台呈现：
>   - 唐代"烧春"古法（地面投影酒窖场景）
>   - 宋代"冰酒"技艺（AR低温雾幕效果）

说明：因篇幅原因只展示部分回答。

5.2　文案策划创意

5.2.1　文案策划创意关键词

1. 关键词提取的核心公式

关键词提取的核心公式为［概念］+［内容］+［语境］+［行动号召］。

示例拆解：

- "可持续生活方式倡导（概念）→环保材质产品故事 + 用户 UGC 案例（内容）→城市轻中产社群 + 社交媒体话题页（语境）→限时碳积分兑换 + 线下体验店打卡（行

动号召）。"

在这个组合中，"概念"明确传递环保理念，"内容"通过真实故事增强用户代入感，"语境"精准触达目标人群活跃场景，"行动号召"以轻量化互动激励用户参与。四者协同——概念定基调，内容塑组成，语境选触点，行动号召促转化，确保从理念传播到行为引导的全链路闭环。

2. 关键词库

常用关键词如表 5-2 所示。

表 5-2　常用关键词

维度	常用关键词
概念	环保生活、科技向善、情感联结、文化焕新、未来想象、健康轻食、国潮复兴等
内容	故事化叙事、数据可视化、用户证言、场景化解读、情绪共鸣、热点借势、悬念埋点等
语境	节日热点、社会议题、季节场景、圈层文化、用户痛点、平台调性等
行动号召	点击解锁、参与挑战、分享故事、关注福利、留言互动、扫码体验等

5.2.2　文案策划创意提问的 9 个句式模板

提问模板 1：情感共鸣型

"针对［目标群体］的［情感痛点］，通过［生活化场景］构建，创作一篇能引发［情感共鸣类型］的文案，需融入［具象化细节］。"

示例：

- "针对职场新人的'社交焦虑'，通过'电梯偶遇同事'场景，创作一篇引发'松弛感'共鸣的文案，融入'耳机播放轻音乐''微笑点头示意'等细节。"

提问模板 2：语言风格适配型

"为［平台属性］下的［目标群体］，采用［网感化语言风格］创作一篇关于［主题］的文案，需突出［核心信息点］。"

示例：

- "为小红书'Z 世代护肤人群'，采用'闺蜜吐槽体'风格创作一篇'早 C 晚 A 护肤指南'，突出'成分功效''避坑指南''懒人友好'信息点。"

提问模板 3：内容创新型

"结合［热点话题］，为［主题］设计一篇［新媒体形式］文案，需融入［互动元素］，实现［传播目标］。"

示例：

- "结合'MBTI 人格测试'热点，为'小众咖啡馆'设计一篇'人格咖啡盲盒'小红书笔记，融入'测测你的本命咖啡'互动 H5，实现'引流到店'目标。"

提问模板 4：场景优化型

"针对［平台特性］，优化［主题］文案的［呈现形式］，如标题结构、信息密度、视觉符号，以提升［关键指标］。"

示例：

- "针对抖音'3 秒完播率'特性，优化'健身课程推广'文案的标题为'每天 5 分钟＝暴汗燃脂？'，搭配'前后对比弹幕'，提升'点击率'与'完播率'。"

提问模板 5：行动引导型

"创作一篇包含［轻量化行动指令］的文案，通过［即时反馈机制］，引导［目标群体］完成［具体行为］，如打卡、晒单、参与话题等。"

示例：

- "创作一篇包含'拍同款手势舞'指令的抖音文案，通过'点赞过千解锁教学视频'机制，引导用户'拍摄并发布手势舞视频'。"

提问模板 6：风格迁移型

"以［网红 /IP］的语言风格改写［原文案］，突出［平台流行梗］＋［节奏控制技巧］，适配［平台调性］。"

示例：

- "以'李××'的'OMG 体'改写美妆文案，突出'所有女生''买它'等梗，控制每句不超过 10 个字，适配抖音口播快节奏。"

提问模板 7：数据驱动型

"基于［平台数据指标］分析当前文案的［失效点］，提出［优化策略］，量化目标为［指标提升值］。"

示例：

- "基于小红书笔记'收藏率高但转化率低'数据，分析失效点为'缺乏行动指令'，提出'文末添加"戳链接领试用装"'策略，目标转化率提升 15%。"

提问模板 8：跨平台适配型

"将［长图文 /深度内容］转化为［短视频 / 图文笔记］形式，保留［核心卖点］，适配［平台用户习惯］。"

示例：

- "将品牌白皮书转化为小红书'3 秒知识点'图文笔记，保留'成分安全'核心卖点，采用'痛点提问＋成分表特写＋使用场景'结构，适配用户碎片化阅读习惯。"

提问模板 9：风险规避型

"针对文案中可能引发［争议点］的表述，设计［替代话术］＋［正向引导］方案，并提供［舆情监测关键词］。"

示例：

- "针对'减肥产品'文案中'胖子'表述，设计'大码女孩'替代话术，引导'健康自信美'价值观，监测'身材歧视''歧视性语言'等关键词。"

5.2.3 文案策划创意案例

| 案例：为新锐茶饮品牌撰写小红书爆款文案 |

用户提问："用'城市声音采样'（地铁报站、键盘声）隐喻职场焦虑，绑定'冷泡茶疗愈'概念为新锐茶饮品牌撰写小红书爆款文案。其结构包含'清晨 8 点的地铁报站声→冷泡茶入杯的清脆声'听觉唤醒对比描写和'3 分钟办公室冥想挑战'，并关联'点击领取冥想音频'福利。"

DeepSeek 回答：

🐦 😊 职场人的耳朵，早该被这杯茶治愈了！

🔊 听，这是你的8:00AM——

"*下一站，陆家嘴。*"机械女声划破困意，

"*叮咚，打卡成功。*"指纹机吞掉最后1分钟，

"*哒哒哒哒……*"键盘声像永动机，碾碎你的咖啡因续命计划。

💧 现在，按下3分钟暂停键——

"*啵~*"冷泡茶冰球坠入杯底，

"*哗啦啦……*"琥珀色茶汤漫过焦躁，

（偷偷说，这个声音比老板的"再改一版"悦耳100倍）。

✿ **职场生存新法则：**

1 **通勤耳机别听播客了！** 换成[冷泡茶沉浸音效]（截我领🎧）；

▸ 地铁报站→替换成「冰块碰撞白噪声」；

▸ 键盘敲击→切换成「溪水流淌ASMR」。

2 **工位上演3分钟茶冥想：**

☞ Step1: 含一口茉莉冷泡，等茶香从舌尖爬到太阳穴；

☞ Step2: 盯着杯底旋转的茶叶，想象KPI也在慢慢沉淀；

☞ Step3: 把"马上好"换成"让我喝完这口"（亲测客户反而更尊重你）。

📖 **现在点击，领取你的《职场声疗指南》。**

说明：因篇幅原因只展示部分回答。

5.3 视频脚本创意

5.3.1 视频脚本创意关键词

1. 关键词提取的核心公式

核心公式 1：ESPO-HOOK 模式

关键词提取的核心公式 1 为 [情感共鸣] + [故事线] + [冲突挑战] + [解决方案] + [行动引导]。

示例拆解：

- "职场新人焦虑感（情感共鸣，视觉符号：地铁拥挤的俯拍镜头 + 倒计时数字特效）→逆袭成长故事线（故事线：悬念开场 + 对比反转）→订单超时危机（冲突挑战，音效设计：暴雨声 + 键盘急促敲击声）→智能办公产品防水防抖功能化解困境（解决方案，视觉符号：产品特写 + 故障艺术转场）→点击购买链接 + '风雨无阻，使命必达'口号（行动引导，互动形式：进度条奖励机制 + 弹幕触发优惠券）。"

在这个组合中，通过情感共鸣引发代入感，以故事线承载冲突场景，用产品功能解决矛盾，最终引导用户行动，而在组合中视觉符号、音效设计和互动形式贯穿模型的多个维度中，形成"共情—冲突—解决—烙印—转化"闭环。

核心公式 2：3C-HOOK 模式

关键词提取的核心公式 2 为［角色塑造］＋［核心矛盾］＋［抓眼球开场］＋［转化路径］。

示例拆解：

- "熬夜加班程序员（角色塑造，视觉符号：代码雨特效＋黑眼圈特写）→颈椎疼痛困扰（核心矛盾：健康危机与效率需求的冲突）→咖啡杯底残渣像破碎灵感（画面＋音效，音效设计：电子脉冲音＋玻璃破碎声）（抓眼球开场）→人体工学椅试用体验（视觉符号：微距特写座椅曲线）→下单立减优惠＋KOL 同款标记（转化路径，互动形式：AI 换脸试坐体验＋扫码解锁隐藏优惠）。"

在这个组合中，通过角色痛点引发共鸣，用冲突抓眼球，以钩子强化代入感，最终设计即时转化路径，而在组合中视觉符号、音效设计和互动形式贯穿模型的多个维度中，实现"人设—痛点—共情—转化"高效触达。

2. 关键词库

常用关键词如表 5-3 所示。

表 5-3　常用关键词

维度	常用关键词
情感共鸣	怀旧情怀、职场焦虑、社交恐惧、逆袭爽感、家庭温情、知识崇拜、孤独共鸣等
故事线	悬念开场、对比反转、平行蒙太奇、第一人称视角、时间循环、互动式分支剧情等

（续表）

维度	常用关键词
冲突挑战	时间紧迫、环境干扰、技能不足、竞品对比、突发危机等
解决方案	技术创新、场景适配、性价比优势、情感陪伴、服务保障等
行动引导	限时折扣、扫码领券、打卡任务、UGC 征集、社群裂变等
角色塑造	职场新人、宝妈、Z 世代、银发族、户外达人、极客用户等
核心矛盾	健康危机和效率需求、理想自我和现实差距、情感需求和社交压力、知识焦虑和时间匮乏、审美疲劳和个性化追求等
抓眼球开场	反常识画面、热点关联、悬念提问、数据冲击、情绪化台词等
转化路径	限时福利弹窗、进度条奖励机制、社交裂变任务、UGC 内容征集入口、KOL 同款标记等
视觉符号	故障艺术、赛博朋克光影、水墨动画、微距特写、数据可视化、分镜漫画式转场、代码雨特效、黑眼圈特写等
音效设计	ASMR 音效、环境白噪声、电子脉冲音、人声变调处理、倒计时压迫音效、玻璃破碎声等
互动形式	分支剧情选择、弹幕触发特效、手势识别交互、扫码解锁隐藏内容、AI 换脸参与剧情、进度条奖励机制等

5.3.2　视频脚本创意提问的 5 个句式模板

提问模板 1：情感冲突强化型

"为［角色塑造］设计一段［时长］的视频脚本，需通过［情感共鸣］与［冲突挑战］的碰撞，结合［视觉符号］强化代入感，最终引导［行动指令］，要求包含［互动形式］。"

示例：

- "为职场妈妈设计一段 15 秒视频脚本，需通过'家庭责任焦虑'与'职场竞争压力'的碰撞，结合'时钟特写＋婴儿啼哭音效'强化代入感，最终引导'点击领取职场赋能课程'，要求包含'进度条解锁育儿干货'互动形式。"

- "为 Z 世代设计一段 30 秒游戏宣传视频，需通过'孤独感'与'团队胜利渴望'的碰撞，结合'像素风废墟场景＋心跳声效'强化代入感，最终引导'分享视频组队开黑'，要求包含'弹幕触发隐藏皮肤'互动形式。"

提问模板 2：故事线重构型

"基于［故事线］，为［产品／品牌］重构［时长］视频脚本，需融入［冲突挑战］与［解决方案］，并通过［视觉符号］实现［情感共鸣］，最终达成［行动引导目标］。"

示例：

- "基于'英雄之旅'框架，为智能手环重构 60 秒视频脚本，需融入'续航焦虑'与'太阳能充电技术'的冲突，通过'沙漠徒步者从疲惫到重燃斗志'的视觉符号实现'逆袭爽感'，最终达成'点击预约新品'目标。"
- "基于'灰姑娘'框架，为平价美妆品牌重构 45 秒视频脚本，需融入'外貌焦虑'与'高性价比彩妆'的冲突，通过'素人女孩变身派对焦点'的视觉符号实现'自信共鸣'，最终达成'晒单抽奖'目标。"

提问模板 3：多感官沉浸型

"设计一段［时长］视频脚本，需通过［视觉符号］＋［音效设计］＋［互动形式］的多感官组合，传递［核心信息点］，并引导［目标群体］完成［具体行为］。"

示例：

- "设计一段 90 秒智能家居广告视频，需通过'全景智能灯光切换＋ASMR 音效＋手势滑动解锁功能'的多感官组合，传递'无感交互'核心信息点，并引导'中产家庭用户'完成'扫码体验虚拟家居'行为。"

- "设计一段 20 秒运动饮料短视频，需通过'汗珠慢镜头＋电子脉冲音效＋弹幕触发优惠券'的多感官组合，传递'瞬间补水'核心信息点，并引导'健身爱好者'完成'点击购买'行为。"

提问模板 4：角色代入驱动型

"以［角色塑造］为主角，设计一段［时长］视频脚本，需通过［核心矛盾］推动剧情，结合［解决方案］实现［情感共鸣类型］，最终通过［转化路径］达成［量化目标］。"

示例：

- "以'户外达人'为主角，设计一段 120 秒户外装备广告视频，需通过'极端天气挑战'推动剧情，结合'防风防水技术'实现'安全感共鸣'，最终通过'限时折扣弹窗'达成'点击率提升 30%'目标。"
- "以'银发族'为主角，设计一段 60 秒健康监测设备视频，需通过'子女关怀缺失'推动剧情，结合'远程健康预警'实现'亲情共鸣'，最终通过'社群裂变任务'达成'分享率提升 50%'目标。"

提问模板 5：热点借势融合型

"结合［热点事件／文化符号］，设计一段［时长］视频脚本，需通过［冲突挑战］与［解决方案］的对比，融入［互动形式］，实现［传播目标］。"

示例：

- "结合'AI 替代焦虑'热点，设计一段 45 秒在线教育广告视频，需通过'职场技能过时'与'AI 辅助学习系统'的对比,融入'AI 对话测试'互动形式,实现'课程报名量提升 20%'目标。"

- "结合'碳中和'热点,设计一段 90 秒新能源汽车视频,需通过'燃油车污染'与'零排放技术'的对比,融入'碳积分兑换'互动形式,实现'品牌搜索指数增长 15%'目标。"

5.3.3　视频脚本创意提问案例

> **案例:为高端宠物食品品牌设计短视频脚本**

用户提问:"以'宠物视角'为创意出发点,设计一段 30 秒短视频脚本,需通过'主人加班晚归'的冲突场景,结合'智能喂食器自动投喂'的解决方案,传递'陪伴从不缺席'的情感共鸣,最终引导用户点击'领取试用装',要求包含'宠物拟人化配音+进度条奖励机制'互动形式。"

DeepSeek 回答:

🐾《加班夜归人·猫主子的审判日》30 秒短视频脚本

【镜头 1 - 冲突开场】(0~5s)

画面:

- 昏暗客厅,挂钟特写(23:00)
- 猫爪愤怒拍打智能喂食器空碗(咚!咚!)

配音(委屈猫嗓):
"第 108 次迟到……两脚兽又忘记朕的宵夜!"

字幕: ✖「人类的承诺就像猫砂,说结团就碎」

【镜头 2 - 科技救场】(5~15s)

画面：

- 手机弹出通知特写：【智能喂食器】检测到饥饿信号，自动投放鲜粮
- 慢镜头：冻干哗啦啦落入碗中（配合ASMR音效）

配音（机械音转温柔）：

"叮！您的小可爱投喂进度条已达80% ➜"

特效： 碗上方浮现游戏化进度条（+15%爱心值）

说明：因篇幅原因只展示部分回答。

5.4 文章论文撰写

5.4.1 文章论文撰写关键词

1. 关键词提取的核心公式

核心公式 1：4C 研究模型

关键词提取的核心公式 1 为［核心概念］+［研究内容］+［研究语境］+［行动呼吁］。

示例拆解：

- "区块链技术在供应链金融信任机制构建中的应用（核心概念）→基于区块链的供应链金融信任模型设计＋实际企业案例验证（研究内容）→供应链金融行业数字化转型背景＋多主体参与环境（研究语境）→推动供应链金融行业信任体系完善＋促进区块链技术在金融领域广泛应用（行动呼吁）。"

在这个组合中，"核心概念"明确研究聚焦于区块链技术在供应链金融信任机制构建方面的应用；"研究内容"通过设计模型和实际案例验证来充实研究内容，增强研究的可信度；"研究

语境"指出研究处于供应链金融行业数字化转型背景，以及多主体参与的环境；以推动行业信任体系完善和促进技术应用为"行动呼吁"，激励相关方参与和推动研究成果落地。四者协同，确保从研究构思到成果推广的全链路闭环。

4C 研究模型侧重于从研究的整体架构和行动导向出发，适合在需要全面规划研究框架、明确行动方向时使用。

核心公式 2：PIRCOS 研究模型

关键词提取的核心公式 2 为［研究问题］+［研究方法 / 解决方案］+［对比分析］+［研究结果］+［学术 / 商业价值］。

示例拆解：

- "传统供应链金融中信任缺失问题（研究问题）→引入区块链技术构建信任机制（研究方法 / 解决方案），与传统信任机制进行对比分析（对比分析）→区块链信任机制下交易效率提升［×］%，违约率降低［×］%（研究结果）→为解决供应链金融信任问题提供新方案，具有重大学术价值，同时可降低企业交易成本，提高行业竞争力（学术 / 商业价值）。"

在这个组合中，"研究问题"是信任缺失问题；"研究方法 / 解决方案"提出构建信任机制这一解决方案；"对比分析"强调与传统信任机制进行对比；"研究结果"给出具体的结果；研究的"学术 / 商业价值"为解决信任问题提供新方案，同时带来实际效益。各部分协同，确保研究从问题提出到解决方案验证，再到成果呈现和价值体现的逻辑完整。

PIRCOS 研究模型更聚焦于研究问题的提出、解决方案的验证及成果和价值的呈现，适合在强调研究逻辑和成果评估时使用。

2. 关键词库

常用关键词如表 5-4 所示。

表 5-4　常用关键词

维度	常用关键词
核心概念	人工智能应用、区块链技术融合、气候变化影响、基因编辑伦理、教育数字化转型、社会公平研究、文化传承创新等
研究内容	实证研究设计、模型构建优化、案例对比分析、实验方案制定、文献综述梳理、数据解读挖掘等
研究语境	行业发展趋势、政策法规环境、学术前沿动态、社会需求背景、国际合作形势、地域文化差异等
行动呼吁	推动政策制定、促进技术转化、加强学术交流、开展合作研究、拓展应用领域、提升公众意识等
研究问题	现有理论缺陷、实践应用瓶颈、技术转化难题、政策实施障碍、社会现象矛盾、学科交叉空白等
研究方法 / 解决方案	实证研究、模型构建、案例分析、实验研究、文献综述、问卷调查、访谈法、观察法、数据分析、机器学习、深度学习、算法优化、系统集成、政策分析、跨学科研究等
对比分析	对比分析、差异分析、相似性分析、优劣势对比、效果评估、成本效益分析、绩效对比、前后对比、横向对比、纵向对比、实验组与对照组等
研究结果	理论创新成果、实践应用效果、技术性能指标、社会影响评估、经济效益分析、环境改善程度等
学术 / 商业价值	填补理论空白、推动学科发展、解决实际问题、创造经济效益、提升社会效益、促进文化传承等

5.4.2　文章论文撰写提问的 7 个句式模板

提问模板 1：研究框架构建型

"基于［核心概念 / 研究问题］，在［研究语境］下，运用［研究方法 / 解决方案］展开［研究内容］（可选：通过［对比分

析] 与 [对比对象] 进行比较)，提出 [行动呼吁或研究结果或学术 / 商业价值]，请撰写一篇 [学术论文 / 研究论文]。"

示例：

- "以'人工智能伦理规范'为核心概念，在'人工智能快速发展'的语境下，运用'文献综述和案例分析'展开'人工智能伦理框架构建'的研究内容，提出'推动人工智能伦理规范制定'的行动呼吁。"

- "针对'城市交通拥堵问题'，在'城市交通现状'的语境下，采用'智能交通信号控制系统'展开研究，与传统交通信号控制进行对比分析，预期得到'交通流畅度提升 [×]%'的研究结果，并阐述其'提高城市交通效率，减少碳排放'的学术 / 商业价值。"

提问模板 2：问题解决方案验证型

"针对 [研究问题]，提出 [研究方法 / 解决方案]（可选：设计 [研究内容] 或实施 [具体步骤]），通过 [对比分析] 与 [对比对象] 进行比较，评估 [研究结果 / 效果]，并阐述其 [学术 / 商业价值]。"

示例：

- "针对'养老保险制度不完善'的问题，提出'多层次养老保险体系构建'的解决方案，运用'精算模型'进行政策模拟，通过与传统养老保险制度进行对比分析，评估'政策改善效果'，并阐述其'提高老年人生活质量，促进社会和谐稳定'的学术 / 商业价值。"

- "对'5G 通信技术'在'智能制造'领域的应用效果进行评估，提出采用'实地调研和性能测试'的研究方法，通过与传统通信技术进行对比分析，分析'传输速度、稳定性、成本等方面的优势与不足'，并阐述其推动智能制造发展的学术／商业价值。"

提问模板 3：现象分析与应对策略型

"关注［社会现象／研究问题］，以［核心概念／理论视角］为指导，运用［研究方法／解决方案］收集数据（可选：通过［对比分析］揭示［成因、影响和发展趋势］），提出［应对策略／行动呼吁］。"

示例：

- "关注'网络谣言传播现象'，以'信息传播学'为视角，运用'网络爬虫和文本分析'收集数据，通过与传统信息传播模式进行对比分析，揭示其'成因、影响和发展趋势'，并提出'加强网络监管和公众媒介素养教育'的应对策略。"

- "针对'教育数字化转型中的教师适应问题'，以'教育技术变革理论'为指导，运用'问卷调查和访谈法'收集数据，分析教师适应数字化转型的障碍和挑战，提出'加强教师培训和支持体系构建'的行动呼吁。"

提问模板 4：跨学科融合与创新型

"结合［学科 1］与［学科 2］的理论和方法，针对［研究问题／现象］，以［核心概念］为纽带，在［研究语境］中，运用［创新研究方法／解决方案］进行探索，通过［对比分析］验证其［学术／商业价值／创新性］。"

示例：

- "结合'生物学'与'材料科学'的理论和方法，针对'生物医用材料的生物相容性问题'，以'仿生设计'为纽带，在'组织工程'的语境中，运用'3D 打印与细胞共培养技术'进行创新探索，通过与传统材料进行对比分析，验证其提高生物相容性和促进组织再生的学术价值。"

提问模板 5：政策评估与优化型

"针对［现有政策/法规］，分析其［实施效果/存在问题］，提出［优化建议/新政策方向］，运用［研究方法/模型］进行模拟评估，通过［对比分析］展示［政策优化效果/社会价值］。"

示例：

- "针对'现有环保政策'的实施效果，分析其存在的问题和不足，提出'基于市场机制的环保政策优化建议'，运用'系统动力学模型'进行模拟评估，通过与传统政策进行对比分析，展示政策优化在减少污染排放和促进可持续发展方面的社会价值。"

提问模板 6：技术转化与应用拓展型

"针对［新技术/发明］，研究其在［应用领域］的转化潜力，设计［转化路径/应用方案］，通过［实验验证/案例分析］评估其［应用效果/商业价值］，并提出［推广策略/未来发展方向］。"

示例：

- "针对'新型纳米材料'的发明，研究其在'能源存储'领域的转化潜力，设计'纳米材料基电池应用方案'，通过实验验证和案例分析评估其提高电池性能和降低成本的商业价值，并提出推广策略和未来发展方向。"

提问模板 7：理论构建与验证型

"基于［现有理论/现象］，构建［新理论/模型］，运用［研

究方法 / 数据］进行验证，通过［对比分析］展示其［理论创新 / 解释力］，并探讨其［学术价值 / 实践应用］。"

示例：

- "基于'消费者行为理论'和'在线购物现象'，构建'在线消费者购买决策模型'，运用'大数据分析和机器学习算法'进行验证，通过与传统模型进行对比分析，展示其提高预测准确性和解释力的理论创新，并探讨其在电商营销和个性化推荐中的实践应用。"

5.4.3　文章论文撰写提问案例

| 案例：论文创作 |

用户提问： "基于 4C 研究模型，以'社交媒体对青少年价值观的影响'为核心概念，在'社交媒体广泛普及且青少年使用高频'的研究语境下，请简要阐述一下，你计划如何展开相关研究，并给出大致研究思路。"

1. 该提问缺少具体的研究方法和对比对象，需补充提问。

DeepSeek 补充提问： "请补充运用哪些研究方法来收集数据以支撑'社交媒体对青少年价值观的影响'的研究。另外，针对该研究问题，补充合适的对比对象。"

2. 该提问仍然缺少学术 / 商业价值和行动呼吁，需补充提问。

DeepSeek 补充提问： "请补充在这个研究中预期会得到的研究结果如何体现其学术 / 商业价值？并补充引导青少年正确使用社交媒体，促进其价值观健康发展的具体建议或措施。"

5.5　公文文本撰写

5.5.1　公文文本撰写关键词

1. 关键词提取的核心公式

关键词提取的核心公式为［公文类型］+［目标 / 目的］+［受众］+［内容结构］+［特殊考量］。

示例拆解：

- "公司放假通知（公文类型）→让员工知晓放假安排，做好工作与生活规划（目标 / 目的）→公司全体员工（受众）→放假时间说明、假期注意事项、返岗时间要求（内容结构）→假期值班安排、紧急联络方式、信息安全提醒（特殊考量）。"

在这个组合中，"公文类型"明确为通知；"目标 / 目的"清晰表明发布通知旨在让员工了解放假信息以便合理安排；"受众"精准定位为公司全体员工；"内容结构"构建了通知的核心内容框架，涵盖放假关键信息；"特殊考量"考虑了假期期间的特殊情况，保障公司假期运转和员工权益。四者协同，确保通知从信息传达到员工执行全链路清晰有效。

2. 关键词库

常用关键词如表 5-5 所示。

表 5-5　常用关键词

维度	常用关键词
公文类型	通知、通报、请示、批复、函、纪要、决定、公告、通告、意见、议案等
目标 / 目的	准确及时传递信息、了解重要事项、知晓政策变化、推动工作顺利开展、鼓励积极参与、督促完成任务、为决策提供依据、协助了解情况、辅助制定规划等

维度	常用关键词
受众	上级领导、下级部门、平级单位、特定公务人员、社会公众、涉外机构等
内容结构	发文缘由、事项陈述、处理意见、执行要求、结语等
特殊考量	格式规范、保密要求、时效性、文化敏感性等

5.5.2 公文文本撰写提问的 4 个句式模板

提问模板 1：精准适配型

"针对［具体事务或事件］，需为［特定受众群体］撰写［公文类型］。在这一过程中，要精准适配［公文类型］的［格式规范、语言风格、行文要求等核心特质］与［受众的信息需求、接受习惯、利益关注点等核心诉求］，同时充分考虑［背景因素，如政策环境、行业现状、组织文化等］，以确保公文能有效发挥作用。"

示例：

- "针对社区开展垃圾分类推广活动，需为社区居民撰写社区环保倡议书。在这一过程中，需精准定位该倡议书以契合居民希望了解垃圾分类重要性、具体分类方法及参与活动能获得的实际好处等核心诉求，发挥有号召力、引导性、可行性阐述的核心特质，同时考量社区目前垃圾分类设施配备情况、居民环保意识基础等背景因素。"

提问模板 2：目标驱动型

"以［具体目标］为驱动，撰写［公文类型］。为实现该目标，需明确阐述［关键内容要点］，并合理运用［公文类型特有的表达方式、论证方法、说服技巧等］，以达成［预期效果或影

响]，如推动工作进展、获得支持认可、解决问题矛盾等。"

示例：

- "以争取政府对新能源汽车研发项目的资金支持为目标，撰写项目资金申请报告。为实现该目标，需明确阐述项目的研发背景、技术优势、市场前景、资金需求及预算等关键内容要点，并合理运用数据支撑、案例对比、权威引用等表达方式，以达成获得政府资金批准的预期效果。"

提问模板 3：结构优化型

"[公文类型] 的内容结构需进行优化设计，各部分应 [按照逻辑顺序、重要程度、功能需求等] 合理布局，分别承担 [具体功能，如引出主题、阐述事实、提出要求、表达期望等]，且要确保 [整体结构的连贯性、层次性、完整性等]，以有效传达 [关键信息]，应如何构建该结构？"

示例：

- "工作汇报的内容结构需进行优化设计，各部分应按照工作进展的时间顺序和重要程度合理布局，分别承担总结工作成果、分析存在问题、提出改进措施、表达未来展望等具体功能，且要确保整体结构的连贯性和层次性，以有效传达工作的全貌和重点，应如何构建该结构？"

提问模板 4：风险防控型

"在撰写 [公文类型] 涉及 [相关活动或事项] 时，需全面预判可能出现的 [风险类型，如法律风险、执行风险、沟通风险等]，并按照 [风险发生的可能性、影响程度等] 进行排序，制定 [预防＋应对] 的综合防控预案，明确 [责任主体、应对措施、资源保障等]，应如何开展此项工作？"

示例：

- "在撰写项目合作议案涉及资金投入事项时，需全面预判可能出现的资金到位延迟、资金使用违规、资金回报不达预期等风险，并按照风险发生的可能性和影响程度进行排序，制定预防资金到位延迟的提前沟通预案、应对资金使用违规的审计监督预案等，明确财务部门、项目部门等的责任主体，以及相应的应对措施和资源保障，以保障项目合作顺利进行，应如何开展此项工作？"

5.5.3　公文文本撰写提问案例

| 案例：风险防控型公告 |

用户提问："在撰写城市道路改造公告时，需全面预判可能出现的交通拥堵、居民出行不便、施工安全隐患等风险，并按照风险发生的可能性和影响程度进行排序，制定预防交通拥堵的优化交通疏导预案、应对居民出行不便的临时交通措施预案等，明确交通部门、施工单位等的责任主体，以及相应的应对措施和资源保障，以保障道路改造工程顺利进行，减少对居民生活的影响。"

DeepSeek 回答：

> 🚧 **XX市XX道路改造工程公告**
>
> 为保障城市道路改造工程顺利实施，最大限度减少对市民生活的影响，现将施工期间风险预判及应对措施公告如下：
>
> **一、风险预判及应对措施**
>
> （一）交通拥堵风险（高风险）
>
> 1. 主要时段：工作日早晚高峰（7:00—9:00，17:00—19:00）

> 2. 应对措施:
>
> ○ 优化交通疏导: 设置临时交通标志,增派20名交通协管员
>
> ○ 实施分流方案: 开放周边3条分流道路,调整5个路口信号灯配时
>
> ○ 智能交通管控: 启用实时监控系统,动态调整交通组织
>
> (二) 居民出行不便风险 (中高风险)
>
> 1. 影响范围: 沿线5个社区,约2万居民
>
> 2. 应对措施:
>
> ○ 临时公交线路: 新增2条免费接驳专线,发车间隔≤10分钟
>
> ○ 便民通道: 设置1.5米宽人行通道,配备夜间照明　　　　　⌄

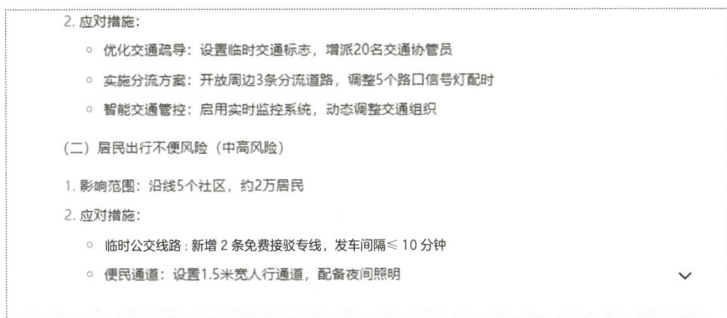

说明:因篇幅原因只展示部分回答。

5.6　总结报告撰写

5.6.1　总结报告撰写关键词

1. 关键词提取的核心公式

关键词提取的核心公式为［背景阐述］+［任务明确］+［行动记录］+［结果呈现］+［经验提炼与未来规划］。

示例拆解:

- "市场环境竞争加剧,消费者需求日益多样化(背景阐述)→提升公司产品的市场占有率(任务明确)→加大市场调研投入,精准定位目标客户群体;优化产品功能,推出个性化定制服务;加强线上线下营销推广(行动记录)→产品市场占有率从15%提升至20%(结果呈现)→应持续关注市场动态,及时调整产品策略和营销策略;未来计划进一步拓展海外市场,加大研发投入(经验提炼与未来规划)。"

在这个组合中,"背景阐述"为总结设定情境,"任务明确"指引方向,"行动记录"展示过程,"结果呈现"反馈成效,"经

135

验提炼与未来规划"为后续发展提供指导，五者构成完整逻辑闭环，适用于各类总结报告创作。

2. 关键词库

常用关键词如表 5-6 所示。

表 5-6　常用关键词

维度	常用关键词
背景阐述	行业趋势、政策变化、市场竞争、技术发展、组织战略调整等
任务明确	业绩目标、项目交付、问题解决、服务提升、创新突破等
行动记录	市场调研、产品研发、营销推广、客户服务、团队建设等
结果呈现	数据指标（销售额、利润、增长率等）、质量评估（产品合格率、客户满意度等）、影响范围（市场份额、品牌知名度等）等
经验提炼	成功经验、失败教训、关键因素、改进方向、协同机制等
未来规划	目标设定、策略调整、行动计划、资源配置、风险评估等

5.6.2　总结报告撰写提问的 5 个句式模板

提问模板 1：全面总结型

"针对［总结对象］在［时间段］内的情况，阐述其背景，明确任务，记录行动，呈现结果，并提炼经验教训与规划未来，要求分析［数量］个关键因素，提出［数量］条改进措施和［数量］项未来行动计划。"

示例：

- "针对公司年度销售业务在过去一年的情况，阐述市场竞争加剧、消费者需求变化的背景，明确提升销售额和市场份额的任务，记录开展市场调研、优化销售策略、加强客户拓展等行动，呈现销售额增长 20%、市场份额扩大 5% 的结果，并提炼出精准定位客户、创新营销方式等关键因素，提出加强客户关系管理、拓展线上销售渠道等 3 条改进措施和开拓新市场、推出新产品等 2 项未来行动计划。"

提问模板 2：问题导向型

"针对［总结事项］中出现的［问题表现］，阐述背景，明确任务，分析行动与结果之间的关联，提炼出问题产生的原因，并提出［数量］条有针对性的解决办法和未来预防措施。"

示例：

- "针对新产品上市后销售不佳的问题，阐述市场需求变化快、竞争对手推出类似产品的背景，明确提高新产品销售量的任务，分析产品研发周期过长、推广力度不够等行动与销售量未达预期的结果之间的关联，提炼出市场响应不及时、营销策略不当等原因，并提出优化研发流程、加大推广投入等 3 条有针对性的解决办法和加强市场监测、提前布局新产品等 2 项未来预防措施。"

提问模板 3：成果展示型

"以［展示形式］展示［总结对象］在［时间段］内取得的成果，阐述背景，明确任务，突出关键行动，呈现显著结果，并总结成功经验以供未来借鉴。"

示例：

- "以数据图表和案例相结合的方式展示部门在过去半年内完成的重点项目成果，阐述行业技术升级、公司战略调整的背景，明确提升项目质量和效率的任务，突出引入新技术、优化项目管理流程等关键行动，呈现项目提前完成、质量达标且成本降低 10% 的显著结果，并总结加强团队协作、持续创新等成功经验以供未来借鉴。"

提问模板 4：对比分析型

"将［总结对象］与［对比对象］进行对比分析，阐述相同背景下的不同任务，对比行动和结果的差异，提炼出可借鉴的经验和教训，并提出［数量］条改进建议。"

示例：

- "将本公司客户服务团队与行业内标杆团队进行对比分析，阐述市场竞争激烈、客户对服务质量要求高的相同背景，对比提升客户满意度和忠诚度的不同任务，分析服务流程、人员培训等方面的行动和客户满意度、投诉率等结果的差异，提炼出优化服务流程、加强员工激励等可借鉴的经验和教训，并提出完善服务标准、建立客户反馈机制等 3 条改进建议。"

提问模板 5：趋势预测型

"结合［总结数据］和［相关趋势］，阐述当前背景，明确未来任务，预测可能采取的行动和预期结果，并制定应对未来变化的策略。"

示例：

- "结合公司过去 3 年的销售数据和行业发展趋势，阐述市场需求多元化、技术不断创新的当前背景，明确未来 3 年内实现销售额翻倍的任务，预测拓展新市场、推出新产品等可能采取的行动和市场份额进一步扩大、品牌影响力提升等预期结果，并制定加强市场调研、加大研发投入等应对未来变化的策略。"

5.6.3 总结报告撰写提问案例

| 案例：工作总结报告 |

用户提问："针对部门 2024 年第 3 季度的工作进行全面总结。阐述部门在公司业务拓展需求增加、市场竞争激烈的背景下，明确提升部门业绩和客户满意度的任务。详细记录为完成任务所采取的市场调研、客户拜访、项目执行等行动，呈现业绩指标完成情况、客户反馈等结果。提炼出工作中的经验和教训，如团队协作的重要性、客户需求把握的准确性等，要求分析 3 个关键因素，提出 4 条改进措施。"

DeepSeek 回答：

🏆 **XX 部门 2024 年第 3 季度工作总结及改进计划**

一、工作背景与核心任务

市场环境与挑战：

1. **业务需求激增：** 公司战略调整，新增3个重点业务方向，部门承接项目量同比增长40%。

2. **竞争加剧：** 主要竞争对手采取低价策略，行业平均利润率下降12%。

3. **客户要求提高：** 定制化需求占比达60%，交付周期缩短20%。

季度核心任务：

- **业绩目标：** 完成营收目标2500万元，同比增长25%。
- **客户满意度：** NPS（净推荐值）≥ 80 分，投诉率≤ 2%。
- **效率提升：** 项目平均交付周期缩短至40天（行业平均50天）。

二、关键举措与执行成果

1. 市场调研与客户开发

- **行业调研：** 完成5个新兴市场分析，识别AI、新能源、智能制造3个高增长领域。
- **客户拜访：** 累计拜访客户65家（含8家战略客户），新增签约客户18家，转化率28%。
- **标杆案例：** 成功签约A集团智能工厂项目（合同额800万元），带动3家关联企业合作。

说明：因篇幅原因只展示部分回答。

5.7　音频音乐创作

5.7.1　音频音乐创作关键词

1. 关键词提取的核心公式

关键词提取的核心公式为［故事线］+［节奏韵律］+［创作目标］+［主题表达］。

示例拆解：

- "为一款动作冒险视频游戏创作背景音乐，首先设定故事线为英雄在未知世界中探索和战斗（故事线）→节奏韵律设计为紧张刺激，以快节奏和强烈的节拍推动游戏动作（节奏韵律）→创作目标是增强游戏的沉浸感和紧张氛围，提升玩家体验（创作目标）→主题表达为勇气和冒险（主题表达）。"

在这个组合中，"故事线"搭建游戏背景框架，"节奏韵律"契合游戏动态，"创作目标"明确音乐创作方向，"主题表达"升华音乐情感内核。四者协同——故事线筑情境，节奏韵律添动感，创作目标指方向，主题表达赋灵魂，确保从故事构建到氛围营造再到玩家体验提升的全链路闭环。

2. 关键词库

常用关键词如表 5-7 所示。

表 5-7　常用关键词

维度	常用关键词
故事线	英雄之旅、冒险征程、悬疑解谜、浪漫邂逅、成长蜕变、末日求生、奇幻冒险、历史传奇、校园青春、职场风云等
节奏韵律	快节奏、慢节奏、流畅、顿挫、摇摆、切分、同步、异步、渐快、渐慢、循环节奏、复合节奏等

（续表）

维度	常用关键词
创作目标	增强沉浸感、营造氛围、激发情感、提升体验、强化主题、辅助叙事、引导情绪、突出风格、适配场景、促进互动等
主题表达	勇气与冒险、爱与牺牲、自由与梦想、正义与邪恶、和平与希望、孤独与救赎、成长与困惑、传统与创新、科技与未来、自然与和谐等

5.7.2　音频音乐创作提问的 5 个句式模板

提问模板 1：故事氛围导向型

"以［故事线］为蓝本，创作一段［时长］的音频音乐，要求节奏韵律呈现出［具体节奏特点］，创作目标是［明确创作目标］，主题表达聚焦于［特定主题］，音效设计需包含［列举相关音效］。"

示例：

- "以'英雄之旅'为蓝本，创作一段 5 分钟的音频音乐，要求节奏韵律呈现出渐快且激昂的特点，创作目标是增强听众的代入感和热血氛围，主题表达聚焦于勇气与冒险，音效设计需包含战斗的金属碰撞声和马蹄奔腾声。"

提问模板 2：目标风格适配型

"为达成［创作目标］，创作一段具有［音乐风格］特点的［时长］音频音乐，故事线围绕［简要故事梗概］展开，节奏韵律需符合［节奏要求］，主题表达为［主题内容］。"

示例：

- "为达成营造神秘奇幻氛围的创作目标，创作一段具有古典与现代融合风格的 8 分钟音频音乐，故事线围绕魔法师在神秘森林中寻找失落宝藏展开，节奏韵律需符合慢节奏且带有神秘韵律的要求，主题表达为探索与未知。"

提问模板 3：主题情感驱动型

"基于［主题表达］，创作一段［时长］的音频音乐，通过［故事线］来深化主题，节奏韵律以［节奏特点］来传递情感，创作目标是［具体目标］。"

示例：

- "基于爱与牺牲的主题表达，创作一段 6 分钟的音频音乐，通过一对恋人在战争中生死离别的故事线来深化主题，节奏韵律以舒缓且略带忧伤的特点来传递情感，创作目标是让听众感受到爱情的伟大与无奈。"

提问模板 4：场景功能定制型

"针对［具体场景 / 功能需求］，创作一段［时长］的音频音乐，故事线设定为［场景相关故事］，节奏韵律根据［场景节奏］设计，创作目标是［功能目标］，主题表达契合［场景主题］。"

示例：

- "针对一款休闲益智游戏的关卡背景音乐，创作一段 3 分钟的音频音乐，故事线设定为玩家在梦幻花园中解开谜题，节奏韵律根据轻松愉快的游戏节奏设计，创作目标是让玩家在游戏中保持愉悦的心情，主题表达契合梦幻与探索。"

提问模板 5：创新融合探索型

"尝试将［两种或多种音乐元素 / 风格］进行创新融合，创作一段［时长］的音频音乐，故事线构建为［独特故事背景］，节奏韵律展现［新颖节奏特点］，创作目标是［创新目标］，主题表达体现［融合主题］。"

示例：

- "尝试将爵士乐与电子音乐进行创新融合，创作一段 7 分钟的音频音乐，故事线构建为未来都市中一场神秘的地下音乐会，节奏韵律展现摇摆与电子节奏的巧妙结合，创作目标是创造出一种全新的音乐风格，主题表达体现传统与现代的碰撞。"

5.7.3　音频音乐创作提问案例

| 案例：为一款科幻题材的塔防游戏创作关卡背景音乐 |

用户提问： "以科幻世界中外星生物入侵地球，玩家作为指挥官带领人类军队进行防御的故事线为蓝本，创作一段 4 分钟的音频音乐。要求节奏韵律呈现出紧张的特点，创作目标是增强玩家的战斗激情，主题表达聚焦于保卫家园与科技对抗。直接给出创作的简谱。"

DeepSeek 回答：

《地球防线》战斗主题简谱

（电子管弦混合版 | 4/4拍 | 速度♩=138）

前奏：外星降临（00:00—00:30）

复制

低音部：| 1(32Hz) - - - | 1 - - - | 1 - 3(微分音) - | 1 - - - |
电子脉冲：| X X X X | X 0 X 0 | X X X X | X 0 X 0 |　（X=80Hz短脉冲）

主战役：防御反击（00:30—02:00）

复制

旋律部：
| 5·3 1 5 | 6 - - 5 | 3 2 1 - |　（铜管 ffz 奏法）
节奏部：
| ♩ ♩ ♪♪ | ♩. ♪♩ |　（电磁炮采样触发）
电子低音：
| 1 - 5 - | 1 - 3 - |　（锯齿波Bass, PWM调制）

说明：因篇幅原因只展示部分回答。

5.8 诗歌散文创作

5.8.1 诗歌散文创作关键词

1. 关键词提取的核心公式

关键词提取的核心公式为 [主题] + [意象] + [情感] + [节奏] + [语言风格] + [结构]。

示例拆解：

- "创作一首关于思念故乡的诗歌，首先确定主题为对故乡的眷恋（主题）→选取明月、老井、旧巷等意象来承载情感（意象）→情感基调设定为深沉而温暖（情感）→节奏上采用舒缓且富有韵律的方式，如押韵和长短句结合（节奏）→语言风格为质朴而富有诗意（语言风格）→结构上分为起承转合四部分，先引入主题，再展开描述，接着转折深化情感，最后收尾总结（结构）。"

在这个组合中，"主题"确立诗歌核心主旨，"意象"借具体事物寄托情思，"情感"奠定情感总基调，"节奏"营造诵读韵律感，"语言风格"塑造独特表达质感，"结构"构建清晰逻辑框架。六者协同——主题定方向，意象载情思，情感染氛围，节奏增韵律，语言风格显特色，结构明层次，确保从主题立意到情感抒发再到形式呈现的全链路闭环。

2. 关键词库

常用关键词如表 5-8 所示。

表 5-8　常用关键词

维度	常用关键词
主题	思乡之情、爱情之美、自然之韵、人生感悟、历史沉思、社会批判、成长烦恼、梦想追求、友情珍贵、文化传承等

（续表）

维度	常用关键词
意象	明月、流水、落花、飞鸟、孤雁、残阳、古道、荒村、青山、白雪、蜡烛、酒杯、旧书、老照片等
情感	喜悦、悲伤、愤怒、思念、敬畏、孤独、宁静、激昂、惆怅、豁达等
节奏	舒缓、急促、明快、沉郁、流畅、抑扬顿挫、朗朗上口等
语言风格	质朴、华丽、幽默、深沉、清新、婉约、豪放、典雅、通俗、含蓄等
结构	总分总、起承转合、并列式、递进式、对比式、循环式、对仗式等

5.8.2　诗歌散文创作提问的 5 个句式模板

提问模板 1：主题意象驱动型

"围绕［主题］，选取［列举相关意象］，创作一首 / 篇［诗歌 / 散文］，要求情感表达为［具体情感］，节奏呈现出［节奏特点］，语言风格采用［语言风格类型］，结构按照［结构方式］展开。"

示例：

- "围绕'爱情之美'这一主题，选取玫瑰、月光、誓言、拥抱等意象，创作一首诗歌，要求情感表达为甜蜜与浪漫，节奏呈现出明快且富有韵律的特点，语言风格采用华丽而婉约的类型，结构按照起承转合的方式展开。"

提问模板 2：情感节奏导向型

"以［情感基调］为核心，创作一首 / 篇［诗歌 / 散文］，主题为［主题内容］，通过［节奏特点］来强化情感，选取［意象］来丰富内涵，语言风格倾向于［语言风格倾向］，结构采用

[结构形式]。"

示例:

- "以'悲伤'为核心,创作一篇散文,主题为'失去亲人的痛苦',通过沉郁的节奏来强化情感,选取孤雁、残花、旧物等意象来丰富内涵,语言风格倾向于质朴而深沉,结构采用递进式。"

提问模板 3:结构风格适配型

"按照[结构方式]创作一首/篇[诗歌/散文],主题为[主题],情感基调设定为[情感],节奏根据[结构段落]进行变化,语言风格为[风格特点],选取[意象]来支撑主题。"

示例:

- "按照对比式创作一首诗歌,主题为'城市与乡村的差异',情感基调设定为感慨,节奏根据对比段落进行变化,前半部分明快,后半部分舒缓,语言风格为通俗而生动,选取高楼大厦、霓虹灯与田野、炊烟等意象来支撑主题。"

提问模板 4:意象语言融合型

"运用[意象组合]创作一首/篇[诗歌/散文],主题为[主题],情感表达为[情感],节奏要求[节奏要求],语言风格将[两种或多种风格]进行融合,结构采用[结构类型]。"

示例:

- "运用雪花、炉火、书籍等意象组合创作一篇散文,主题为'冬日的宁静与温暖',情感表达为宁静与满足,节奏要求舒缓流畅,语言风格将质朴与典雅进行融合,结构采用总分总类型。"

提问模板 5：创新突破探索型

"突破传统［诗歌/散文］创作模式，尝试以［新颖主题］为主题，选取［独特意象］，情感表达追求［独特情感］，节奏采用［创新节奏方式］，语言风格创造［全新风格特点］，结构构建［创新结构形式］。"

示例：

- "突破传统诗歌创作模式，尝试以'虚拟世界的情感'为主题，选取代码、光影、虚拟角色等独特意象，情感表达追求虚幻与真实的交织，节奏采用不规则的电子音效节奏方式，语言风格创造科技感与诗意融合的全新特点，结构构建循环嵌套的创新形式。"

5.8.3　诗歌散文创作提问案例

| 案例：创作一篇关于回忆童年夏日夜晚的散文 |

用户提问："围绕'回忆童年夏日夜晚'这一主题，选取萤火虫、蒲扇、竹床、星空等意象，创作一篇散文。要求情感表达为温馨与怀念，节奏呈现出舒缓且富有画面感的特点，语言风格采用质朴而清新的类型，结构按照起承转合的方式展开，先引入对童年夏日夜晚的总体回忆，再展开描述具体场景，接着转折表达对时光流逝的感慨，最后收尾总结对童年美好回忆的珍视。"

DeepSeek 回答：

> ✎ **夏夜琐忆**
>
> 童年的夏夜，总是从夕阳西下时分便开始了。那时的热气尚未散尽，大人们便搬了竹床出来，摆在院中的老槐树下。竹床经年累月，已被磨得发亮，躺上去便有一股沁凉的触感通过薄衫渗入肌肤。
>
> 萤火虫是最早的访客。它们从篱笆外飞来，三三两两，忽明忽暗，像是天上落下的星子。我常捉了放在玻璃瓶里，看那微弱的光在掌心跳动。祖母摇着蒲扇，扇面上绘着褪色的花鸟，一摇一晃间，便摇碎了闷热的空气。蒲扇的风不疾不徐，带着稻草的清香，将蚊虫也一并赶走了。
>
> 星空渐渐浮现。乡下没有灯火的侵扰，银河便格外清晰。我躺在竹床上，数着那些叫不出名字的星星。祖母在一旁讲着牛郎织女的故事，声音渐渐低下去，最后化作均匀的鼾声。远处稻田里的蛙声此起彼伏，与树上的蝉鸣交织成夏夜特有的安眠曲。
>
> 而今城市里的夏夜，空调的轰鸣取代了蒲扇的轻摇，钢筋水泥的丛林遮蔽了星空。偶尔在公园里看见一两只萤火虫，孩子们也只是好奇地望一眼，便又低头玩起手机来。那些躺在竹床上数星星的夜晚，竟像是上辈子的事了。
>
> 我终究怀念那样的夏夜。怀念萤火虫微弱却执着的光，怀念蒲扇摇出的带着稻草香的风，怀念竹床的清凉，怀念星空下的故事。这些记忆如同被时光打磨过的玉石，愈发温润明亮。在这个空调房里写下这些文字时，恍惚间又听见了那夏夜的蛙声蝉鸣，看见了那满天繁星。

说明：因篇幅原因只展示部分回答。

5.9 创建文本表格

5.9.1 创建文本表格关键词

1. 关键词提取的核心公式

关键词提取的核心公式为［目的］+［内容类别］+［数据点］+［格式］+［结构］+［风格］。

示例拆解：

- "为了对比不同品牌手机的性能（目的）→确定内容类别为处理器、内存、摄像头、电池续航（内容类别）→每个类别下选取具体的数据点，如处理器型号、内存容量、像素数、电池容量（数据点）→格式采用表格形式（格式），结构为横向对比不同品牌，纵向展示各项性能指标（结构）→风格简洁明了、数据准确（风格）。"

在这个组合中，"目的"明确任务核心诉求，"内容类别"界定信息覆盖范围，"数据点"提供精准量化依据，"格式"确定表现形式，"结构"规划信息呈现骨架，"风格"塑造整体视觉调性。六者协同——目的引方向，内容类别划范畴，数据点注精度，结构筑框架，格式定形式，风格定风貌，确保从目标设定到内容组织再到成果输出的全链路闭环，使信息传达兼具逻辑性与可读性。

2. 关键词库

常用关键词如表 5-9 所示。

表 5-9　常用关键词

维度	常用关键词
目的	对比分析、数据整理、信息展示、进度跟踪、总结归纳、规划安排、统计报告、决策支持等
内容类别	产品参数、销售数据、用户信息、项目进度、任务分配、预算明细、成绩统计、健康指标等
数据点	具体数值、百分比、日期、名称、描述、等级、状态、数量等
格式	表格、图形（柱状图、折线图、饼图等）、清单、矩阵等
结构	横向对比、纵向排列、分组展示、嵌套结构、层级结构等
风格	简洁明了、详细全面、专业严谨、生动形象、色彩丰富、直观易懂等

5.9.2　创建文本表格提问的 5 个句式模板

提问模板 1：目的导向型

"为了 [具体目的]，需要创建一个文本表格，内容类别包括 [列举相关类别]，每个类别下需包含 [具体数据点]，格式采用 [表格 / 图形等具体格式]，结构按照 [横向对比 / 纵向排列等结构方式]，风格要求 [简洁明了 / 专业严谨等风格特点]。"

示例：

- "为了对比不同城市的房价水平，需要创建一个文本表格，内容类别包括城市名称、平均房价、房价涨幅，每个类别下需包含具体城市名称、对应平均房价数值和涨幅百分比，格式采用表格形式，结构按照横向对比不同城市，风格要求简洁明了。"

提问模板 2：数据整理型

"针对［数据来源或主题］，整理相关数据并创建文本表格，内容类别设定为［确定类别］，数据点涵盖［列举数据点］，格式选择［合适格式］，结构以［合理结构］呈现，风格体现［风格要求］。"

示例：

- "针对某公司员工的绩效考核数据，整理相关数据并创建文本表格，内容类别设定为员工姓名、部门、绩效得分、排名，数据点涵盖每位员工的姓名、所在部门、具体绩效得分和排名顺序，格式选择表格形式，结构以纵向排列员工信息，风格体现专业严谨。"

提问模板 3：信息展示型

"为清晰展示［信息主题］，创建一个文本表格，内容类别规划为［规划类别］，数据点选取［关键数据点］，格式采用［适宜格式］，结构按照［展示逻辑结构］，风格追求［风格目标］。"

示例：

- "为清晰展示某款新车型的配置信息，创建一个文本表格，内容类别规划为车型版本、发动机、变速箱、安全配置，数据点选取不同车型版本的名称、发动机型号、"

变速箱类型和安全配置详情，格式采用表格形式，结构按照车型版本横向对比各项配置，风格追求直观易懂。"

提问模板 4：决策支持型

"为辅助［决策事项］，创建一个文本表格，内容类别围绕［决策相关因素］，数据点包含［关键决策数据］，格式采用［有助于决策分析的格式］，结构以［利于决策对比的结构］构建，风格要求［准确清晰等风格］。"

示例：

- "为辅助公司选择新的供应商，创建一个文本表格，内容类别围绕供应商名称、产品质量、价格、交货期，数据点包含各供应商的具体名称、产品质量评级、价格数值和交货期时长，格式采用表格形式，结构以横向对比不同供应商，风格要求准确清晰。"

提问模板 5：综合定制型

"综合考虑［多种需求或目标］，定制创建一个文本表格，内容类别根据［具体需求确定］，数据点结合［实际情况选取］，格式采用［创新或合适格式］，结构按照［独特或合理结构］设计，风格体现［个性化风格特点］。"

示例：

- "综合考虑旅游攻略的实用性和趣味性，定制创建一个文本表格，内容类别根据旅游目的地、景点特色、美食推荐、住宿建议确定，数据点结合各目的地的具体景点名称、特色描述、美食种类和住宿类型选取，格式采用带有图片和简短文字说明的表格形式，结构按照旅游行程顺序设计，风格体现生动形象。"

5.9.3 创建文本表格提问案例

> 案例：创建一个关于班级学生期末考试成绩的文本表格

用户提问： "为了总结班级学生期末考试成绩，需要创建一个文本表格，内容类别包括学生姓名、语文成绩、数学成绩、英语成绩、总成绩，每个类别下需包含每位学生的具体姓名和对应科目成绩数值，格式采用表格形式，结构按照纵向排列学生信息，风格要求简洁明了、数据准确。"

DeepSeek 回答：

以下是符合要求的期末考试成绩统计表格（简洁纵向排列格式）：

复制

学生姓名	语文成绩	数学成绩	英语成绩	总成绩
张明	92	88	95	275
李芳	85	93	89	267
王强	78	95	82	255
赵雷	95	90	97	282
刘洋	88	85	91	264
陈晨	90	92	88	270

表格说明：

1. 纵向排列学生信息，每行对应一位学生完整数据

2. 各科成绩采用整数形式呈现（满分100分）

3. 总成绩为三科成绩之和

4. 表格线使用标准Markdown格式，确保清晰可读

5. 姓名栏按首字母顺序排列，方便查阅

（注：以上为示例数据，实际使用时请替换为真实学生姓名与成绩）

5.10 创建 PPT 脚本

5.10.1 创建 PPT 脚本关键词

1. 关键词提取的核心公式

关键词提取的核心公式为［目标］＋［受众］＋［内容结构］＋［视觉元素］＋［呈现风格］＋［行动呼吁］。

示例拆解：

- "为向潜在客户推广一款新软件产品（目标），针对技术决策者（受众），构建包含产品介绍、功能亮点、成功案例、解决方案的内容结构（内容结构），运用简洁的图表、产品截图、动画效果等视觉元素（视觉元素），采用专业且生动的呈现风格（呈现风格），在结尾呼吁客户申请免费试用（行动呼吁）。"

在这个组合中，"目标"明确推广核心诉求，"受众"精准定位信息接收者，"内容结构"搭建内容逻辑骨架，"视觉元素"增强信息视觉引力，"呈现风格"塑造专业亲和气质，"行动呼吁"驱动受众行为转化。六者协同——目标定基调，受众明方向，内容结构筑框架，视觉元素添魅力，呈现风格显特色，行动呼吁促行动，确保从信息传递到价值转化的全链路闭环，有效提升推广效能。

2. 关键词库

常用关键词如表 5-10 所示。

表 5-10　常用关键词

维度	常用关键词
目标	产品推广、项目汇报、知识分享、培训教学、活动宣传、品牌塑造、问题解决、决策支持等
受众	客户、员工、投资者、合作伙伴、学生、管理层、技术人员、普通公众等
内容结构	开场引言、背景介绍、核心内容、案例分析、数据展示、解决方案、总结展望、问答环节等
视觉元素	图片、图形（柱状图、折线图、饼图等）、视频、动画、图标、颜色搭配、字体选择、排版布局等

（续表）

维度	常用关键词
呈现风格	专业严谨、生动有趣、简洁明了、富有创意、沉稳大气、亲切自然、科技感十足等
行动呼吁	购买产品、注册服务、参与活动、下载资料、联系咨询、反馈意见、分享传播等

5.10.2 创建 PPT 脚本提问的 3 个句式模板

模板 1：目标导向从零型

"为了达成［具体目标］，面向［目标受众］，从零开始创建一个 PPT 脚本。内容结构应涵盖［列举关键内容板块］，视觉元素选用［具体视觉形式］，呈现风格设定为［风格类型］，结尾处给出［明确行动呼吁］。"

示例：

- "为了达成向投资者展示项目潜力的目标，面向潜在投资者，从零开始创建一个 PPT 脚本。内容结构应涵盖项目背景、市场分析、商业模式、财务预测等关键内容板块，视觉元素选用项目相关的表格、数据可视化图形、团队照片等具体视觉形式，呈现风格设定为专业严谨，结尾处给出邀请投资者进一步洽谈的明确行动呼吁。"

模板 2：主题驱动从零型

"围绕［核心内容主题］，针对［目标受众］，从零开始设计 PPT 脚本。按照［合理内容结构］组织内容，运用［合适视觉元素］增强展示效果，呈现风格体现［风格特点］，最后以［有效行动呼吁］收尾。"

示例：

- "围绕环保理念推广，针对社区居民，从零开始设计 PPT 脚本。按照环保现状、危害、解决方案、个人行动呼吁的合理内容结构组织内容，运用环保相关的图片、视频、数据图表等合适视觉元素增强展示效果，呈现风格体现温馨亲和，最后以鼓励居民参与环保活动的有效行动呼吁收尾。"

模板 3：风格定制从零型

"以［特定呈现风格］为核心，面向［目标受众］，从零开始打造 PPT 脚本。内容结构围绕［主题内容］展开，视觉元素选择［符合风格的元素］，结尾［行动呼吁］与整体风格相契合。"

示例：

- "以复古文艺为核心，面向文艺青年，从零开始打造 PPT 脚本。内容结构围绕经典文学作品赏析展开，视觉元素选择复古的书籍封面、手稿图片、旧照片等符合风格的元素，结尾以鼓励文艺青年参与线下读书分享会的行动呼吁与整体风格相契合。"

5.10.3　创建 PPT 脚本提问案例

| 案例：创建一个关于环保公益活动的 PPT 脚本 |

用户提问："为了推广环保公益活动，针对社区居民，创建一个 PPT 脚本。内容结构需包含活动背景、活动目标、活动内容、参与方式、预期效果等关键内容板块，视觉元素采用环保主题的图片、图表和视频，呈现风格设定为简洁明了且富有感

染力，结尾处给出鼓励居民积极参与活动的明确行动呼吁。"

DeepSeek 回答：

以下是为环保公益活动设计的 PPT 脚本方案，采用「问题—解决方案」叙事结构，兼顾专业性与感染力：

PPT标题页

封面视觉：高清图片（社区绿植与污染对比图）
标题：共建绿色家园——XX社区环保行动倡议
副标题：你的一个小举动，地球的一大步
背景音乐：自然音效（鸟鸣+流水声淡入）

---

1. 活动背景（2页）

视觉元素：

- 左图：本地污染实拍图（垃圾堆积/河流污染）
- 右图：全球气候变化数据图表（温度上升曲线）
  脚本：
  "去年，我们社区产生XX吨不可降解垃圾（柱状图突出数据），相当于填满XX个标准游泳池。全球每分钟有XX个塑料瓶被丢弃（动态数字增长动画），这些垃圾最终会通过食物链回到我们的餐桌上。"

转场：污染图片渐变为绿色社区愿景图
"但改变，可以从今天开始——"

说明：因篇幅原因只展示部分回答。

第 6 章

请求归纳演绎总结

6.1 归纳整理内容

6.1.1 归纳整理内容关键词

1. 关键词提取的核心公式

关键词提取的核心公式为［方式 / 方法］+［归纳 / 整理 / 提取 / 总结］+［目标］+［限定范围 / 重点］+［呈现方式］。

示例拆解：

- "请用分点方式（方式 / 方法）归纳（归纳 / 整理 / 提取 / 总结）下面几段话的核心内容（目标），提取其中的数据（限定范围 / 重点），并把最终归纳整理的内容用文字图表展示（呈现方式）。"

在这个组合中，"方式 / 方法"是执行动作的限定；"归纳 / 整理 / 提取 / 总结"是具体的执行指令；"目标"是要达成的结果；"限定范围 / 重点"是补充说明；"呈现方式"是最终输出结果的限定。这样的限定和说明，有助于得到我们想要的结果。

这是一般归纳整理的主要提问公式：即用什么方式，归纳整理成什么，有哪些特殊限定，最终用什么方式呈现。

2. 关键词库

常用关键词如表 6-1 所示。

表 6-1　常用关键词

维度	常用关键词
方式 / 方法	分点、文字列表、文字图表、思维导图、层级结构、矩阵、架构图、列举法、分类法、总分法
目标	核心要点、关键信息、主要内容、主要观点、主要论点、主要结论、中心思想、关键词
限定范围 / 重点	数据、案例、观点、细节、公式、结论、论点
呈现方式	文字表格、思维导图

6.1.2 归纳整理内容提问的 4 个句式模板

提问模板 1：直接请求归纳

"请帮我，归纳［归纳 / 整理 / 提取 / 总结］这几段话的核心要点［目标］。"

示例：

- "请帮我归纳以下内容的核心要点。"
- "用简洁的语言总结这几段话。"
- "提取这段文字的关键信息。"

提问模板 2：指定整理方式

"用分点［方式 / 方法］形式整理［归纳 / 整理 / 提取 / 总结］几段话的主要内容［目标］。"

示例：

- "用分点 / 列表形式整理主要内容。"
- "用表格对比这几段内容的异同。"
- "用思维导图 / 层级结构呈现关键信息。"

提问模板 3：限定范围或重点

"提取［归纳 / 整理 / 提取 / 总结］其中的数据部分［限定范围 / 重点］。"

示例：

- "提取其中的数据 / 案例 / 结论部分。"
- "只保留最重要的 3 ~ 5 个观点。"
- "去掉细节，只保留框架性内容。"

提问模板 4：指定呈现方式

"提取［归纳 / 整理 / 提取 / 总结］文字中的数据和观点，用文字图表［呈现方式］整理。"

示例：

- "提取这段文字中的关键数据和结论，用文字表格整理。"
- "对比 A 和 B 两段内容的主要观点差异，用文字表格展示。"

6.1.3　归纳整理内容提问案例

| 案例：提炼整理《琵琶行》关键词 |

用户提问："请提炼整理白居易《琵琶行》中的关键词，并用图表形式展示。"

DeepSeek 回答：

类别	关键词	原文对应句/注释	
核心人物	琵琶女、江州司马（白居易）	"自言本是京城女"	"江州司马青衫湿"
自然意象	江月、秋枫、荻花、寒江	"枫叶荻花秋瑟瑟"	"绕船月明江水寒"
情感主题	沦落、孤寂、飘零、天涯	"同是天涯沦落人"	"老大嫁作商人妇"
音乐描写	转轴拨弦、大珠小珠、裂帛	"大弦嘈嘈如急雨"	"曲终收拨当心画"
社会背景	迁谪、长安、江湖、商妇	"谪居卧病浔阳城"	"门前冷落鞍马稀"

6.2　归纳概括主旨

6.2.1　归纳概括主旨关键词

1. 关键词提取的核心公式

关键词提取的核心公式为［明确指令］+［限定条件］+［呈现方式］。

示例拆解：

- "用 5 句话概括一下内容的主旨［明确指令］，每句话不超过 10 个字［限定条件］。"

在这个组合中，"明确指令"是用 5 句话概括内容主旨；"限定条件"是每句话不超过 10 个字；"呈现方式"明确地说明了干什么，达到什么要求、水平或条件。

注意：避免开放提问，如"这段内容说什么？"；也不要设置多重目标，如"总结主旨并分析修辞手法"，最好分步问；坚决避免抽象要求，如"总结得深刻一点"，DeepSeek 无法理解深刻的程度，可改为"用社会学视角概括"。务必要发出明确的指令和给出非常具体的限制条件，如"用'技术突破 + 应用前景'结构，在 20 个字内概括这段文字主旨"。

2. 关键词库

常用关键词如表 6-2 所示。

表 6-2　常用关键词

维度	常用关键词
明确指令	概括、总结、提炼、提取、精简、缩写、核心观点、核心矛盾、本质问题、核心结论、核心价值、核心论点、中心思想、主旨
限定条件	侧重、重点、关键、避免、仅需、限定
呈现方式	文字表格、思维导图

6.2.2　归纳概括主旨提问的 4 个句式模板

提问模板 1：直接请求概括

"用 3 句话概括这几段话的主旨意思［明确指令］，每句话不超过 × 个字［限定条件］。"

示例：

- "用 1 句话概括以下内容的主旨，不超过 30 个字。"
- "提炼这段文字的核心观点，侧重 × × 领域 / 角度。"

提问模板 2：结构化概括

"用 A+B+C 归纳以下内容主旨［明确指令］，每层 × 句话或 × 个字。"

示例：

- "分'现象—原因—结论'3 层归纳主旨，每层 1 句话。"
- "用'背景＋冲突＋结果'结构概括这 3 段内容。"

提问模板 3：限定条件，精准控制

"对比两段文字的主旨差异［明确指令］，用两句话描述［限定条件］，用图表分列［呈现方式］。"

示例：

- "总结主旨，避免细节，仅保留结论性内容。"
- "用通俗的语言概括，避免专业术语，并用图表对比修改前后的差异。"

提问模板 4：高频场景模板

- **学术论文：**"请用'研究目标＋方法＋结论'结构，概括这篇论文的主旨"。
- **商业报告：**"概括这份报告的市场趋势预测，仅保留 3 条核心结论。"
- **文学分析：**"提炼《红楼梦》选段的主旨矛盾，用'个体和时代'角度表述。"

6.2.3　归纳概括主旨提问案例

> 案例：概括师徒四人的性格特质

用户提问："请用 4 句话概括《西游记》中师徒四人的性格特质，并用图表展示。"

DeepSeek 回答：

角色	核心特质	优点	缺点
唐僧	坚定/理想主义	信念不动摇	迂腐固执/优柔寡断
孙悟空	机敏/反抗精神	战力担当/解难核心	冲动/不服管教
猪八戒	世俗/享乐主义	调节气氛/应急帮手	懒惰/临阵退缩
沙僧	稳重/实用主义	任劳任怨/稳定团队	缺乏主见/存在感低

6.3　归纳推理结论

6.3.1　归纳推理结论关键词

1. 关键词提取的核心公式

关键词提取的核心公式为［明确范围/方向/角度］+［限定逻辑结构］+［目标］+［呈现方式］。

示例拆解：

- "从经济学角度［明确范围/方向/角度］，用'现象→假设→验证→结论'结构［限定逻辑结构］，归纳推理这些贸易数据背后隐藏的商业机会［目标］。"

在这个组合中，"从经济学角度"是明确方向；"用'现象→假设→验证→结论'结构"是限定逻辑结构；"归纳推理这些贸易数据背后隐藏的商业机会"是目标。

注意：归纳推理一定要避免孤立数据，要提供足够的上下文（如时间范围、样本量）；要避免矛盾指令，如同时要求"精简"和"详细进行案例分析"；还要避免主观预设，如"请证明 A 策略必然失败"，其应改为"中立分析 A 策略风险"。

2. 关键词库

常用关键词如表 6-3 所示。

表 6-3　常用关键词

维度	常用关键词
明确范围	范围、方向、角度、领域、视角、范畴、走势、态势、维度、立场、层面、方面、研究成果、理论
限定逻辑结构	时间、空间、对比、因果、总分、分类、演绎、归纳
呈现方式	文字表格、思维导图、结构图

6.3.2　归纳推理结论提问的 5 个句式模板

提问模板 1：从 A 到 B 直接推理

"从案例教学的角度［明确范围／方向／角度］，用总分总的结构［限定逻辑结构］，用 3 句话推导这些案例共同说明的管理问题［目标］。"

示例：

- "根据以下现象，归纳其背后的普遍规律。"
- "从这些案例中推导出共性原因，分点说明。"

提问模板 2：限定逻辑机构

"基于这些现象，用 A-B-C-D 的结构［限定逻辑结构］，推理这些现象所反映的问题背后的原因［目标］。"

示例：

- "根据这些现象，用'现象→假设→验证→结论'结构推导这些现象背后隐藏的真相。"
- "根据上述描述，按'因果链'归纳推理事件发展的必然性。"

提问模板 3：明确范围

"从某个角度 / 视角［明确指令］，归纳推导某个结论
［目标］。"

示例：

- "从经济学角度归纳这些数据的趋势结论。"
- "用心理学理论推导用户行为动机。"

提问模板 4：控制呈现方式

"用 ×× 呈现结论［呈现方式］。"

示例：

- "用三步推理（大前提→小前提→结论）呈现结论。"
- "将推导过程压缩为 1 条公式 +1 句解释。"

提问模板 5：高频场景模板

- **学术论文：**"从这 3 项实验中归纳出共性结论，用'假设
  验证法'结构说明。"
- **商业分析：**"根据近 5 年市场波动数据，推导经济周期规
  律，用图表 + 文字描述。"
- **社会现象：**"从'躺平文化''反内卷'等案例中，归纳
  当代青年价值观变迁的逻辑链。"

6.3.3　归纳推理结论提问案例

｜案例：推理消费心理差异｜

A 产品在年轻用户中销量增长 30%，但复购率下降 10%；B
产品在中老年群体销量稳定，复购率提升 5%。

用户提问："根据 AB 产品数据差异，归纳不同年龄层的消
费心理差异，用'现象→行为模式→本质原因'三步推导，用

图表展示。"

DeepSeek 回答：

1. 现象（数据差异）

产品	年龄层	销量变化	复购率变化
A产品	年轻用户	+30%	−10%
B产品	中老年	稳定	+5%

2. 行为模式（消费选择特征）

年龄层	购买行为特征	典型表现
年轻用户	尝新型消费	易被新品吸引，但忠诚度低
中老年	稳健型消费	偏好熟悉产品，复购率高

对比结论：

- 年轻人：短期冲动购买主导，决策受社交传播/营销影响大
- 中老年：长期理性消费主导，决策依赖使用习惯和信任

3. 本质原因（心理动机差异）

年龄层	核心心理动机	驱动因素
年轻用户	求新求异	身份表达、社交需求
中老年	求稳求实	风险规避、性价比优先

6.4 演绎改编作品

6.4.1 演绎改编作品关键词

1.关键词提取的核心公式

关键词提取的核心公式为［明确改编方向］＋［限定调整维度］＋［对比基准］。

示例拆解：

- "将《灰姑娘》改编成现代校园剧［明确改编方向］，保

留'逆境成长'主题，但增加女性互助元素［限定调整维度］，用短视频语言重构关键情节［限定调整维度］。"

在这个组合中，"现代校园剧"是明确改编方向；"保留'逆境成长'主题，但增加女性互助元素"是限定调整维度；"用短视频语言重构关键情节"也是限定调整维度。

注意：不要模糊提问，比如"怎么改编这个故事？"，这样提问太开放了；而应该这样提问——"将《老人与海》改编成 AI 末世题材，突出'人性和技术'冲突，列出 3 个核心情节改动"。同时，还应该避免矛盾的提问——"完全颠覆原作，但保留所有经典台词"，而应该这样提问——"在保留《哈利·波特》魔法体系的基础上，重构伏地魔的动机合理性"。

2. 关键词库

常用关键词如表 6-4 所示。

表 6-4 常用关键词

维度	常用关键词
改编方向	重构、解构、跨媒介、跨文化、现代化、本土化
调整维度	角色设定、情节脉络、世界观、叙事视角、主题偏移
对比基准	忠于原作、颠覆性改编

6.4.2 演绎改编作品提问的 3 个句式模板

提问模板 1：用改编方向提问

"将 XX 改编成 YY［明确改编方向］，调整 / 保留强化 / 删减 ZZ［限定调整维度］。"

示例：

- "将《罗密欧与朱丽叶》解构成赛博朋克世界观，需调整哪些核心元素？"

- "如何把《西游记》改编成儿童动画，保留原著精神但简化暗黑情节？"

提问模板 2：用改编维度提问

"从 XX 视角，重构/改编 YY，需强化/映射 ZZ［限定改编维度］。"

示例：

- "从女性主义视角重构《白蛇传》，需强化哪些角色特质？"
- "若将《三国演义》改编成商战剧，如何映射'权谋'到现代企业竞争？"

提问模板 3：对比改编效果

"对比 XX 和 YY，分析/比较优点/特点/长处/短处/差异［对比基准］。"

示例：

- "对比 1995 版和 2023 版《傲慢与偏见》电影，分析叙事视角改编的得失。"
- "用表格列出《小美人鱼》动画与真人版在'人设动机'和'文化隐喻'上的差异。"

6.4.3 演绎改编作品提问案例

| 案例：规划《红楼梦》职场改编要素 |

用户提问："用'保留—替换—新增'三栏表格，规划《红楼梦》职场剧改编要素。"

DeepSeek 回答：

《红楼梦》职场剧改编要素表

保留要素	替换要素	新增要素
1. 家族权力结构	贾府 → 跨国企业"金陵集团"	办公室政治（派系站队/信息战）
（层级关系/资源争夺）	贾母 → 集团创始人	职场KPI与晋升考核机制
2. 人物核心特质	宝玉"富贵闲人"→佛系继承人	空降高管（如海归战略顾问）
（黛玉敏感、宝钗圆融）	大观园 → 企业总部园区	社交媒体舆论战（如内斗爆料）
3. 命运悲剧主线	抄家 → 企业并购/破产危机	职场性别天花板（女性高管困境）
（盛极而衰的必然性）	金玉良缘 → 商业联姻	代际管理冲突（元老和新锐）
4. 隐喻符号	太虚幻境 → 元宇宙战略项目	人工智能监测员工忠诚度
（风月宝鉴/判词预言）	通灵宝玉 → 股权协议书	匿名举报系统与信息安全

说明：因篇幅原因只展示部分回答。

6.5　撰写项目总结

6.5.1　撰写项目总结关键词

1. 关键词提取的核心公式

关键词提取的核心公式为按［框架］、［指标］、［问题］生成 ×× 项目总结：［要求］、［需包含］、［呈现方式］。

示例拆解：

- "请按以下框架［框架］输出智能仓储系统项目总结：

1. 技术亮点（AGV 路径优化算法）；

2. 成本控制（预算节约 23% 的具体措施）；

3. 风险应对（海关清关延误处理方案）；

4. 量化成果（分拣效率提升数据对比）。

要求［要求］：每部分包含［需包含］'执行动作＋方法论＋验证数据'。"

在这个组合中，"框架"是明确的，"要求"是明确的，"需包含"是明确的，据此直接生成即可。

注意：不要用这样的提问——"写个项目的总结""起草一个项目开发工作汇报"；必须有要求，有包含，有重点；必须对项目总结进行详细的描述，最好要分条。

2. 关键词库

常用关键词如表 6-5 所示。

表 6-5　常用关键词

维度	常用关键词
框架 / 指标 / 问题	框架、大纲、提纲、数据指标、考核指标、完成指标、财务指标、进度指标、质量指标、安全指标、成本指标、团队问题、合作问题、进展问题、研发问题、质量问题、费用问题
要求	根据项目提出具体的要求
包含	项目具体的内容
呈现方式	文本、图表、知识导图、三级标题

6.5.2　撰写项目总结提问的 3 个句式模板

提问模板 1：用框架直接生成

"请按以下框架［框架］生成智慧物流项目总结。"

示例：

- "请按以下结构撰写智慧物流项目总结：

1. 项目背景（2023 年供应链数字化转型需求）；

2. 技术突破（路径优化算法升级细节）；

3. 实施难点（多系统对接问题解决方案）；

4. 效益数据（运输成本下降 18% 的计算逻辑）；

5. 改进方向（2024 年自动化仓库建设规划）。

要求：每部分包含'执行策略 + 工具方法 + 验证结果'三重维度。"

提问模板 2：用指标直接生成

"请生成 ×× 项目总结，需包含［包含］，要求［要求］。"

示例：

• "生成新能源充电桩项目总结，需包含：

1. 成本维度——单桩建设成本从 ¥12 万元→ ¥9.3 万元的控制策略；

2. 效率维度——运维响应时长从 48 小时→ 6 小时的 SOP 优化路径；

3. 安全维度——故障率下降 62% 的技术改进方案。

要求：所有数据需标注统计口径及对比基准周期。"

提问模板 3：通过问题直接生成

"针对 ×× 项目，［框架 / 大纲］，要求［要求］，请生成项目总结。"

示例：

• "针对跨境电商 ERP 系统项目：

1. 列举三个最严重的实施障碍（如多时区协同问题）；

2. 详细说明采用的 5WHY 分析法实施过程；

3. 呈现解决方案带来的直接效益（订单处理效率提升数据）；

4. 附未完全解决的问题及备选方案。

要求：使用［问题描述→根因分析→解决路径→效果验证］逻辑链。"

6.5.3 撰写项目总结提问案例

| 案例：跨境电商多币种结算项目总结 |

用户提问："针对跨境电商项目中的多币种结算痛点撰写项目总结：列举我们尝试的 3 种风控方案；分析各方案在手续费（示例数据）、到账时效（小时数）、客户投诉率方面的表现；最终采用方案的决策依据。"

DeepSeek 回答：

跨境电商多币种结算项目总结

一、核心痛点描述

1. 汇率波动导致利润损失（日均波动幅度达 0.8%~1.5%）

2. 跨境手续费叠加侵蚀利润率（平均单笔交易成本超 3.2%）

3. 多国清算周期差异引发资金占用（最长到账达 72 小时）

二、风控方案实施对比

方案类型	手续费率	平均到账时效	客户投诉率	实施复杂度
动态汇率锁定	1.2%/笔	24小时	8%	★★☆☆☆
本地化结算中心	0.5%/笔	4小时	3%	★★★★☆
第三方支付聚合平台	0.8%/笔+年费$5万	12小时	5%	★★★☆☆

方案细节对比：

1. **动态汇率锁定方案**
   - 技术实现：通过API对接12家银行实时汇率
   - 数据表现：
     - 成功规避2023Q3英镑暴跌风险（止损£23万）
     - 因锁定时效性导致18%订单需二次确认

2. **本地化结算中心方案**

说明：因篇幅原因只展示部分回答。

第 **7** 章

请求补充举例论证

7.1　补充解释说明型案例

7.1.1　补充解释说明型案例提问关键词

1. 关键词提取的核心公式

关键词提取的核心公式为：请基于［××概念/理论/现象］，补充一个［××行业/场景］的［真实/虚构］案例，说明其［具体应用/形成原因/实际影响］，并解释与理论的关联。

示例拆解：

- "请基于'蓝海战略'［××概念/理论/现象］，补充一个消费品行业［××行业/场景］的真实案例［真实/虚构］，说明其具体应用［具体应用/形成原因/实际影响］，并解释与理论的关联。"

在这个组合中，"蓝海战略"是基于的理论；"消费品行业"是具体的行业；"说明其具体应用"是限定了内容属性。这样的限定、定语和说明，有助于 DeepSeek 给出具体的结果。

注意：务必要明确概念（需要解释什么）、指定范围（行业、领域、现实/虚构）、决定深度（简单举例/对比分析/理论+案例结合）。指定得越明确，结果就越理想。

2. 关键词库

常用关键词如表 7-1 所示。

表 7-1　常用关键词

维度	常用关键词
概念/理论/现象	概念、理论、现象、数据、趋势、分析、情状、问题、术语、定义、原理
行业/场景	行业、场景、领域、情境、事件
真实/虚构	真实、虚构、改编、杜撰

（续表）

维度	常用关键词
具体应用 / 形成原因 / 实际影响	具体应用、形成原因、实际影响、主要效用、反响、效果、功能、用途、作用

7.1.2　补充解释说明型案例提问的 3 个句式模板

提问模板 1：直接请求补充

"请补充一个具体案例解释［××概念 / 理论 / 现象］。"

示例：

- "请补充一个具体案例解释'边际效用递减规律'。"
- "请补充一个案例说明'马太效应'在商业中的表现。"

提问模板 2：限定领域请求补充

"能否用［××行业 / 场景］的例子说明［××概念 / 理论 / 现象］？"

示例：

- "能否用互联网行业的例子说明'网络效应'？"
- "请用一个家庭教育场景的案例解释'正向强化'。"

提问模板 3：通过对比增强请求补充

"请用两个不同案例对比说明［××概念 / 理论 / 现象］的应用 / 结果。"

示例：

- "请用两个不同案例，对比说明'差异化战略'和'成本领先战略'的优劣。"
- "能否用成功和失败案例分别解释'用户留存策略'的关键？"
- "补充两个不同案例，对比说明［××理论］的适用条件。"

7.1.3 补充解释说明型案例提问案例

| 案例：补充金融市场案例 |

用户提问："请基于'羊群效应'，补充一个金融市场中的案例，说明其形成原因，并解释与理论的关联。"

DeepSeek 回答：

---

1. 案例背景

2014 年下半年至 2015 年 6 月，中国 A 股市场经历了一轮快速上涨（"杠杆牛"），上证指数从 2000 点飙升至 5178 点，随后在短期内暴跌至 2850 点。这一过程中，羊群效应在散户、机构投资者中均表现显著。

2. 形成原因分析

(1) 信息不对称与从众心理驱动

- **散户层面：**大量缺乏金融知识的投资者通过社交媒体、朋友推荐获取信息，看到他人通过融资融券快速盈利后，盲目跟随开户加杠杆。
- **机构层面：**基金公司为避免业绩落后于同行，集中持仓热门板块（如"互联网+"概念股），进一步推高股价。

(2) 政策与媒体强化信号

- 2014 年"新国九条"释放改革信号，官媒发文称"4000 点是牛市起点"，被市场解读为政策背书，引发跟风买入。
- 暴跌初期，部分投资者因恐慌模仿他人抛售，形成"多杀多"踩踏。

(3) 杠杆机制放大效应

- 融资融券规模从2014年的4000亿元暴涨至2015年6月的2.27万亿元，强制平仓机制导致下跌时抛售行为被连锁复制。

说明：因篇幅原因只展示部分回答。

7.2 补充论证证明型案例

7.2.1 补充论证证明型案例提问关键词

1. 关键词提取的核心公式

关键词提取的核心公式为：请基于［××理论/争议点］，

补充一个［××领域］的案例，通过［数据对比/实验设计/长期追踪］方法，论证［××结论］，并解释其逻辑链条。

示例拆解：

- "请基于'资源诅咒假说'［××理论/争议点/推理/假设］，补充一个资源型国家［××领域］的案例，通过经济结构数据对比［数据对比/实验设计/长期追踪］，论证自然资源丰富与经济增长放缓的关联［××结论］，并解释其逻辑链条。"

在这个组合中，"资源诅咒假说"是基于的理论；"补充一个资源型国家"是具体的领域；"经济结构数据对比"是具体的方法；"自然资源丰富与经济增长放缓的关联"是具体的结论。

注意：首先要明确论点——在提问中直接点明需论证的核心观点或待验证的假设（如"证明长尾理论在流量垄断时代的失效"）；其次要限定范围——添加时间、地域、学科等限定词（如"用 2024 年后的金融案例"）；最后要指定证据类型——声明需要定量数据、定性分析、对比实验等支持形式（如"需包含对照组数据"）。

2. 关键词库

常用关键词如表 7-2 所示。

表 7-2 常用关键词

维度	常用关键词
理论/争议点	理论、现象、数据、趋势、推理、假设、数据分析、问题现状
领域	国家、地域、区域、行业、领域
数据对比/实验设计/长期追踪	对比、分析、跟踪、比较、试验、实验、验证、证明、推理、推导
结论	文中提到的结论

7.2.2 补充论证证明型案例提问的 9 个句式模板

提问模板 1：直接证明

"请补充一个案例，论证［×× 理论 / 观点］的正确性。"

示例：

- "请补充一个案例，论证'路径依赖理论'对技术演化的影响。"

提问模板 2：反驳修正

"是否有案例能证明［×× 理论］的局限性？请说明其适用边界。"

示例：

- "是否有案例能证明'波特五力模型'在互联网行业的局限性？请说明其适用边界。"

提问模板 3：因果验证

"能否用实际案例证明［×× 因素］与［×× 结果］之间的因果关系？"

示例：

- "能否用实际案例证明'员工幸福感'与'企业长期利润'之间的因果关系？"

提问模板 4：归纳论证

"请用 3 个不同领域的案例，归纳证明［×× 规律］的普遍性。"

示例：

- "请用 3 个不同领域的案例（如生物、经济、社会），归纳证明'临界点效应'的普遍性。"

提问模板 5：对照实验

"请用 3 个不同领域的案例，归纳证明［×× 规律］的普遍性。"

示例：

- "能否设计一个对照实验案例，验证'个性化推荐算法'对用户留存率的提升效果？"

提问模板 6：历史回溯论证

"请用历史事件构建案例，证明［×× 理论］在长期周期中的表现。"

示例：

- "请用历史事件构建案例，证明'康波周期理论'对全球经济危机的预测能力。"

提问模板 7：政策效果论证

"请补充一个国家的政策案例，证明［×× 经济政策］对［×× 指标］的调控作用。"

示例：

- "请补充一个国家的政策案例，证明'负利率政策'对通货紧缩的缓解作用。"

提问模板 8：技术验证

"能否用实际产品迭代案例，证明［×× 技术路线］的可行性？"

示例：

- "能否用实际产品迭代案例，证明'氢能源汽车'在商业化中的可行性？"

提问模板 9：社会现象论证

"请用社会学调查案例，论证［××现象］与［××变量］的相关性。"

示例：

- "请用社会学调查案例，论证'受教育年限'与'生育意愿'的负相关性。"

7.2.3 补充论证证明型案例提问案例

| 案例：设计对照案例，证明一个结论 |

用户提问："能否设计一个两家同规模公司的对照案例，证明'弹性工作制'对员工生产力的影响。"

DeepSeek 回答：

对照案例设计：弹性工作制对员工生产力的影响验证

1. 实验背景与对象

- **行业选择：**选取两家同规模（均为200人左右）的互联网软件开发公司（A公司为实验组，B公司为对照组），主营业务均为企业级SaaS产品开发。
- **基线数据匹配：**

指标	A公司（实验组）	B公司（对照组）
员工平均年龄	32.5岁	31.8岁
年度营收规模	8000万元	8200万元
项目交付周期	平均45天/项目	平均43天/项目
员工离职率	12%（上年）	14%（上年）

2. 实验设计

- **干预措施**（6个月实验期）：
  - A公司（弹性组）：
    - 实施"核心时段＋弹性时段"制度（10:00—15:00必须在线，其余时间自由安排）；
    - 允许每周2天远程办公；
    - 取消打卡，以任务交付为考核标准。

◦ **B公司 (传统组)**：

- 维持固定工作时间 (9:00—18:00, 午休 1 小时)；

- 全员办公室办公；

- 每日打卡, 按工时计算绩效。

• **控制变量**：

◦ 两公司使用相同的项目管理工具 (Jira)；

◦ 同期无重大技术架构调整或市场策略变化；

◦ 薪酬福利水平保持一致 (年终奖均为 2~4 个月工资)。

3. 生产力评估指标与结果

指标	A公司 (弹性组)	B公司 (传统组)	差异分析
客观指标			
代码提交量 (行/人/月)	+18%	+5%	$P = 0.008$
项目交付延误率	9%→4%	11%→10%	$P = 0.02$
客户BUG反馈数	23次/月→15次/月	25次/月→24次/月	$P = 0.03$
主观指标			
员工满意度 (5分制)	3.8→4.5	3.7→3.6	$p < 0.001$
自愿加班时长 (小时/月)	20→8	22→25	$P = 0.01$
离职率	12%→7%	14%→16%	$P = 0.04$

7.3 补充启发启示型案例

7.3.1 补充启发启示型案例提问关键词

1. 关键词提取的核心公式

关键词提取的核心公式为：现有内容提到［方法/变化/问题/理论/现象］，请补充一个［行业/领域］的成功案例，并用 N 句话总结其成功带给我们的［启发/启示］。

示例拆解：

• "现有内容提到［××理论］，能否补充一个［行业/领域］的成功案例，说明其成功模式带给我们的启示？"

在这个组合中，"××理论"是限定的前提；"行业/领域"是限定范围；"启发/启示"是要达成的目标。

注意： 首先要绑定读者身份，添加限定词如"创业者/管理者/学生/家长"等，让启示更具针对性；其次要明确启示层级，是认知层（颠覆常识的视角），还是方法层（可直接落地的技巧），抑或是价值观层（长期主义、风险伦理等）；最后要求结构化输出，指定"3条启示+1句总结"或"过去/现在/未来"框架，提升精准性。

2. 关键词库

常用关键词如表 7-3 所示。

表 7-3　常用关键词

维度	常用关键词
方法/变化/问题/理论/现象	方法、变化、对比、数据、问题、理论、现象
行业/领域	国家、地区、区域、范围、行业、领域、公司、部门
启发/启示	启发、启示、启迪、警醒、经验、改变、教训、警示

7.3.2　补充启发启示型案例提问的 3 个句式模板

提问模板 1：失败教训警示

"关于［××问题］，现有内容已分析原因，请补充一个［行业/领域］真实失败案例，提炼 3 条避免重蹈覆辙的关键启示。"

示例：

- "关于'盲目扩张风险'，请补充一个零售品牌倒闭案例，提炼 3 条关键启示。"

- "现有讨论提到'技术过度超前',能否用 VR 行业案例说明市场教育不足的后果?"

提问模板 2：跨领域补充启发

"现有内容中的 [×× 方法],如何通过 [行业 / 领域] 的案例,提供跨界创新的启示?"

示例：

- "现有内容中的'敏捷开发'方法,如何通过餐饮行业的案例,提供跨界创新的启示?"
- "如何用军事领域的'闪电战'策略,重新解释互联网产品的快速迭代逻辑?"

提问模板 3：趋势预判型启示

"现有趋势分析提到 [×× 变化],请补充一个历史或科技 [行业 / 领域] 案例,预测其对普通人生活 / 工作的具体启发。"

示例：

- "现有趋势分析提到'AI 替代重复劳动',请补充一个工业革命时期的案例,预测未来职业转型方向。"
- "如何用'智能手机普及史'的案例,启发理解元宇宙技术的潜在影响?"

7.3.3　补充启发启示型案例提问案例

> 案例：流量红利消退对中小企业的启示

用户提问："现有内容讨论了'流量红利消退',请补充一个新消费品牌(如元气森林)的案例,提炼 3 条对中小企业的启示,要求:聚焦'差异化生存'策略,并用一句话概括底层逻辑。"

DeepSeek 回答：

启示1：精准定义"最小差异化单元"，切割巨头盲区

策略落地：

- **需求拆解**：避开传统碳酸饮料（可乐）和纯果汁赛道，聚焦"健康＋口感"矛盾需求，提出"0糖0脂0卡"概念；
- **场景绑定**：切入便利店冷藏柜（竞品多为常温陈列），塑造"佐餐解腻""健身补给"等即时消费场景。

中小企业适配：

- 在巨头覆盖的"大需求"中，找到未被标准化的"边缘需求"（如"儿童健康零食""宠物功能食品"）。

启示2：供应链轻量化，实现敏捷迭代

策略落地：

- **代工模式**：初期不建厂，与健力宝等代工厂合作，单款产品研发周期压缩至3个月；
- **小步快跑**：首批生产5万箱试销，根据便利店销数据快速调整配方（如白桃味→夏黑葡萄味）。

中小企业适配：

- 用"代工＋数据中台"取代重资产投入，将60%资源投向需求验证，而非产能扩张。

启示3：用内容杠杆替代流量采买

策略落地：

- **KOC共创**：早期邀请健身博主、营养师测评，输出"控糖打卡"内容，而非硬广投放；
- **埋伏式营销**：在《乘风破浪的姐姐》等综艺中植入产品，但强调"无糖"而非品牌，降低用户心理防线。

中小企业适配：

- 将"产品价值可视化"（如成分对比图、场景化短视频）作为传播核心，减少对平台流量的依赖。

说明：因篇幅原因只展示部分回答。

7.4 补充反向证伪型案例

7.4.1 补充反向证伪型案例提问关键词

1. 关键词提取的核心公式

关键词提取的核心公式为：现有内容认为［××观点］，请补充［××领域］的［反例/失败案例］，通过［数据对比/归因错位/条件变化］证明其局限性，并总结证伪逻辑。

示例拆解：

- "现有内容认为'用户增长依赖补贴驱动'［××观点］，

请补充社区团购行业［××领域］的反例，通过留存率数据对比［数据对比 / 归因错位 / 条件变化］证明其局限性，并总结证伪逻辑。"

在这个组合中，"用户增长依赖补贴驱动"是观点；"社区团购行业"是领域；"留存率数据对比"是方法；"总结证伪逻辑"是补充。

注意：首先要明确反驳焦点——锁定需挑战的具体观点 / 理论节点（如"长尾理论依赖无限货架空间"）；其次强化证据链——要求案例包含数据对比（如理论预测值和实际值）或逻辑漏洞（如忽略关键变量）；最后要限定领域——添加行业、地域、时间等限定词提升案例针对性（如"2024 年后的互联网行业"）。

2. 关键词库

常用关键词如表 7-4 所示。

表 7-4　常用关键词

维度	常用关键词
观点	观点、看法、结论、认知、理论、论点、公式
领域	领域、行业、区域、维度
数据对比 / 归因错位 / 条件变化	数据对比、归因错位、条件变化、因果分析、逻辑证明、假设验证、试验、实验

7.4.2　补充反向证伪型案例提问的 8 个句式模板

提问模板 1：直接证伪

"现有内容提到［××理论］在［××场景］中成立，请补充一个反例证明其不适用。"

示例：

- "现有内容提到'长尾理论'适用于数字内容市场，请补充一个反例证明其在短视频平台中的不适用性。"

提问模板 2：条件限定反驳

"是否存在［××条件］下，［××理论］完全失效的案例？请说明具体情境。"

示例：

- "是否存在极端市场竞争环境下，'差异化战略'完全失效的案例？请说明具体情境。"

提问模板 3：挑战归因条件

"现有分析认为［××原因］导致［××结果］，能否用案例证明该归因逻辑不成立？"

示例：

- "现有分析认为'高研发投入必然提升企业竞争力'，能否用案例证明该归因逻辑不成立？"

提问模板 4：证明理论与现实的矛盾

"根据［XX 理论］，［YY 现象］应发生，但现实中存在相反案例（如［ZZ 事件］），请解释矛盾根源。"

示例：

- "根据'理性人假设'，投资者应规避高风险资产，但现实中加密货币投机盛行，请解释矛盾根源。"

提问模板 5：跨学科冲突验证

"［XX 学科］的［XX 理论］与［YY 学科］的［YY 现象］存在冲突，请用案例说明哪一方更贴近现实。"

示例：

- "经济学中的'边际效用递减'与心理学中的'稀缺性

狂热'存在冲突，请用案例说明哪一方更贴近消费决策现实。"

提问模板 6：证明失效

"请用一个行业颠覆案例，证明［××理论］在技术突变中的失效。"

示例：

- "数码相机颠覆柯达胶卷的案例，如何证明'护城河理论'在技术突变中的失效？"

提问模板 7：绝对性反驳

"现有观点认为［××技术］必然带来［××社会效益］，请用现实案例反驳其绝对性。"

示例：

- "现有观点认为'算法推荐必然提升信息获取效率'，请用信息茧房加剧社会分裂的案例反驳其绝对性。"

提问模板 8：证明反向效果

"政策制定者认为［××措施］可解决［××问题］，请用国际案例证明其可能引发反向效果。"

示例：

- "政策制定者认为'房租管制可缓解住房压力'，请用柏林房租管制案例证明其可能引发房源短缺。"

7.4.3　补充反向证伪型案例提问案例

| 案例：反例证明 |

用户提问： "现有内容提到'长尾理论'适用于数字内容市场，请补充一个反例证明其在短视频平台中的不适用性。"

DeepSeek 回答：

反例：短视频平台的"流量黑洞效应"颠覆长尾理论

1. 长尾理论的核心假设

长尾理论 (Long Tail Theory) 认为，在**数字化存储与分发成本趋零**的背景下，大量小众需求的集合可形成与主流商品抗衡的市场规模。其成立依赖两个前提：

- **消费者主动寻找多样性内容**（非被动接受推荐）；
- **内容可获得性无摩擦**（无流量分配垄断）。

2. 短视频平台的"反长尾"现象

以抖音为例，其内容生态呈现"头部极热 + 长尾极冷"的极端分化：

- **流量分布数据**：
  - 头部1%的视频占据80%以上播放量；
  - 尾部80%的视频（长尾）仅贡献不足5%的流量；
  - 日均千万级新视频中，90% 的播放量低于 500 次。
- **典型反例**：
  - 小众知识类内容（如量子物理科普）：
    - 即使内容优质，未进入推荐池即被淹没；
    - 需付费投流（DOU+）突破冷启动，否则自然流量趋近于零；
    - 用户被动消费推荐页内容，而非主动搜索长尾主题。

3. 颠覆逻辑：算法机制与用户行为的双重绞杀

长尾理论前提	短视频平台现实
需求曲线平滑	流量呈幂律分布 (Winner Takes All)
货架空间无限	推荐位有限（首页仅展示约0.01%内容）
用户主动探索长尾	用户被动接受算法推荐（70%停留推荐页）
内容生命周期长	内容时效性强（72小时后流量衰减90%）

结论：

- 短视频平台通过**算法黑箱 + 流量竞价机制**，构建了"中心化分发"体系，**本质是长尾的敌人**；
- 用户行为从"搜索—选择"转变为"投喂—消费"，彻底瓦解长尾存在的基础。

7.5　补充事实型论证内容

7.5.1　补充事实型论证内容提问关键词

1. 关键词提取的核心公式

关键词提取的核心公式为：在现有内容基础上，关于 [×× 现象 / 观点 / 论述] 请补充某一 [年份 / 领域 / 地区 / 国家 / 行业] 的 [数据 / 对比分析 / 案例 / 观点]，并证明其 [合理性 / 差异性 / 关联性]。

示例拆解：

- "现有内容认为'延迟退休可缓解养老金压力'[×× 现象 / 观点 / 论述]，请补充 OECD 国家（如日本、德国）[年份 / 领域 / 地区 / 国家 / 行业] 的退休年龄与养老金替代率数据 [数据 / 对比分析 / 案例 / 观点]，并分析政策效果的时间滞后性 [合理性 / 差异性 / 关联性]。"

在这个组合中，"延迟退休可缓解养老金压力"是一种观点；"OECD 国家（如日本、德国）"是限定领域；"退休年龄与养老金替代率数据"是某种数据类别；"滞后性"是分析说明的结论。

注意：首先要明确数据需求，指定指标类型（如"GDP 增长率""基尼系数""专利授权量"）；其次要绑定权威来源，要求引用自世界银行、IMF、《自然》《柳叶刀》等机构或期刊；最后要定义时间 / 空间，如"2015 年后""长三角地区""全球 TOP10 港口"。

2. 关键词库

常用关键词如表 7-5 所示。

表 7-5　常用关键词

维度	常用关键词
现象 / 观点 / 论述	现象、观点、论述、表述、认知、结论、阐释
年份 / 领域 / 地区 / 国家 / 行业	年度、区域、地区、国家、领域、行业、时间
数据 / 对比分析 / 案例 / 观点	数据、案例、观点、细节、结论、论点、对比分析
合理性 / 差异性 / 关联性	合理性、差异性、滞后性、先进性、关联性、普适性

7.5.2　补充事实型论证内容提问的 3 个句式模板

提问模板 1：直接补充数据

"关于［××观点 / 现象］，请补充［年份 / 地区］的［数据指标］及可靠来源，说明其与结论的关联。"

示例：

- "关于'新能源汽车渗透率加速'，请补充 2022—2024 年中国的电动汽车销量数据及来源，说明增长趋势。"

- "针对'青少年近视率上升'，请提供教育部近 5 年的普查数据，分析电子产品使用时长与近视的相关系数。"

提问模板 2：通过对比，强化事实

"现有内容认为［××结论］，请通过［国家 / 行业］的对比数据，证明其普适性或差异性。"

示例：

- "现有内容认为'人均 GDP 超 1 万美元后消费升级加速'，请通过中、美、日三国数据对比，证明该规律的共性及差异。"

- "关于'高温导致粮食减产'，请用印度与俄罗斯的小麦

产量数据对比，说明气候影响的区域性差异。"

提问模板 3：用历史事件，强化事实

"请用［×× 历史事件／时期］的客观事实，论证［×× 理论／观点］的合理性或局限性。"

示例：

- "如何用冷战期间的'太空竞赛'事实，说明'军备竞赛对民用技术创新的双刃剑效应'？"

7.5.3　补充事实型论证内容提问案例

| 案例：补充数据，分析因果关系 |

用户提问："现有内容认为'最低工资标准提升导致中小企业裁员'，请补充 2022—2024 年广东省制造业就业人数与最低工资调整的季度数据，并对比浙江省（同期未调整最低工资）的就业变化，分析因果关系。"

DeepSeek 回答：

数据补充与对比分析：最低工资调整对制造业就业的影响 (2022—2024)

一、数据来源说明

1. **最低工资标准**：广东省/浙江省人社厅公开文件
2. **制造业就业人数**：国家统计局季度劳动力调查（截至2024Q2）
3. **中小企业注销率**：天眼查企业数据库（注册资本 ≤ 5000 万元）
4. **干扰变量控制**：
   - 剔除 2022Q1—Q2 疫情停工极端值；
   - 排除"专精特新"企业政策补贴影响。

二、核心数据对比 (2022—2024)

指标	广东省 (调整最低工资)	浙江省 (未调整最低工资)
最低工资调整	2022.12：一类地区2300→2360元 2023.12：2360→2450元	保持2021年标准 (2280元)
制造业就业人数变化	2022Q4：-1.2% 2023Q4：-3.1% 2024Q2：-4.5%	2022Q4：+0.8% 2023Q4：+1.2% 2024Q2：+0.9%
中小企业注销率	2023：18.7% 2024H1：11.2%	2023：9.3% 2024H1：6.8%
劳动密集型产业外迁	2023年越南投资额同比+35%	无显著外迁 (<5%)

说明：因篇幅原因只展示部分回答。

7.6 补充推理型论证内容

7.6.1 补充推理型论证内容提问关键词

1. 关键词提取的核心公式

关键词提取的核心公式为：请从［××维度 / 角度 / 方向］对［政策 / 现象 / 数据］进行推理论证，并说明推理的合理性。

示例拆解：

- "请从经济发展、环境保护和社会公平三个维度［××维度 / 角度 / 方向］，对新能源补贴政策［政策 / 现象 / 数据］进行推理分析。"

在这个组合中，"经济发展、环境保护和社会公平"是维度；"新能源补贴政策"是政策。

一般，这类推理论证采用"背景锚定＋分析框架＋分步推演＋验证机制"的结构进行提问。

注意： 首先要明确背景，在问题前用1句话说明使用场景 /

知识领域；其次要量化要求，具体说明需要分析的维度数量或论证深度；再次要动态调整，根据回答及时追问，例如，"如果考虑 ×× 因素，之前的结论会有何变化？"；最后要验证机制，要求 AI 自我检测论证中的逻辑漏洞或未考虑变量。

2. 关键词库

常用关键词如表 7-6 所示。

表 7-6　常用关键词

维度	常用关键词
维度 / 角度 / 方向	维度、角度、方向、现象、案例、问题、视角
政策 / 现象 / 数据	政策、现象、数据、结果、结论、论点、观点

7.6.2　补充推理型论证内容提问的 2 个句式模板

提问模板 1：多角度推理

"请从［XX 视角］、［YY 视角］和［ZZ 视角］3 个维度，对［具体问题 / 现象］进行推理分析。要求：分别说明各视角下的核心论点及论证逻辑；比较不同视角间的矛盾点与互补性；结合［具体案例 / 数据］给出最终结论。"

示例：

- "针对人工智能对就业结构的长期影响，请使用技术失业理论与人力资本理论，从技术替代效应（微观）、产业重构速度（中观）和社会保障制度响应（宏观）3 个维度，推测 2030 年可能出现的就业结构比例。"

提问模板 2：因果推理

"针对［具体现象 / 问题］，请按以下结构进行因果推演。"

示例：

- "针对就业难的问题，请从以下结构进行因果推演：表层直接原因（列举 3 个可观测因素）；中层传导机制（解释因素间的相互作用关系）；深层根本原因（揭示系统性矛盾或结构性缺陷）。要求每个层级的论证需包含数据支持 / 理论依据，并说明各层级间的逻辑递进关系。"

7.6.3　补充推理型论证内容提问案例

| 案例：推理论证就业结构比例 |

用户提问： "针对人工智能对就业结构的长期影响，请使用技术失业理论与人力资本理论，从技术替代效应（微观）、产业重构速度（中观）和社会保障制度响应（宏观）3 个维度，推测2030 年可能出现的就业结构比例。"

DeepSeek 回答：

分维度推演

1. 微观层：技术替代效应

- **高替代领域**（制造业/客服/基础行政）
  - 当前AI替代率：制造业28%、客服35%（2023麦肯锡数据）
  - **2030 年预测**：AI+ 机器人完成 **45%~50%** 标准化流程岗位
  - **留存岗位特征**：需非结构化决策（如设备故障检修）
- **低替代领域**（教育/医疗/创意产业）
  - 情感交互与复杂判断岗位替代率<15%
  - **新兴岗位增量**：AI训练师、伦理审计员年均增长12%

2. 中观层：产业重构速度

- **加速重构行业**（金融/物流/零售）
  - 数字化转型投资增速：2025—2030 年 CAGR 18%
  - 岗位结构调整：
    - 银行柜员减少60% → 金融科技人才需求增长200%
    - 仓储分拣员减少40% → 供应链算法工程师缺口达130万人

- **滞后重构行业**（农业/建筑业）
  - 因设备更新成本高，AI渗透率增速仅为行业平均值的1/3
  - 2030年传统岗位保留率：农业75%、建筑业68%

3. 宏观层：社会保障响应

- **政策有效场景**（北欧模型）
  - 全民技能账户覆盖率达90% → 使2.3%年岗位流失率转化为职业转换
  - 预测失业率缓冲：较无政策国家低4.2个百分点
- **政策失效风险**（新兴市场）

说明：因篇幅原因只展示部分回答。

7.7　补充因果型论证内容

7.7.1　补充因果型论证内容提问关键词

1. 关键词提取的核心公式

关键词提取的核心公式为：请证明 [X] 与 [Y] 之间存在因果关系，并按照以下结构 [结构 1]、[结构 2]、[结构 3] 分析论证。

示例拆解：

- "验证远程办公（X）与生产率（Y）之间的因果关系：用项目交付效率替代 KPI（关键考核指标）数据；工具变量法结果与 PSM（倾向得分分配）匹配一致；分知识型 / 劳动密集型行业检验；模拟全球疫情反复的持续影响。"

在这个组合中，"远程办公"代表 X；"生产率"代表 Y。"用项目交付效率替代 KPI（关键考核指标）数据；工具变量法结果与 PSM（倾向得分分配）匹配一致；分知识型 / 劳动密集型行业检验；模拟全球疫情反复的持续影响"代表四个结构。

注意： 首先注意因果密度控制，单次提问聚焦 1 ~ 2 组核心因果关系；其次结构不要太复杂，一般 3 ~ 4 个就可以了；最后要动态修正，根据回答情况继续追问。

2. 关键词库

常用关键词如表 7-7 所示。

表 7-7　常用关键词

维度	常用关键词
X	变量、原因、结果
Y	变量、原因、结果
结构	表述 1、表述 2、表述 3

7.7.2　补充因果型论证内容提问的 3 个句式模板

提问模板 1：基础因果确认

"请证明［X 变量］与［Y 现象］之间存在因果关系，要求：列举 3 项支持该因果关系的实证研究（注明研究方法和样本量）；说明作用方向（正向 / 负向）及效应强度（如相关系数 β 值）；排除［Z 混淆变量］的干扰可能性（需用工具变量法或双重差分法解释）。"

示例：

- "请证明社交媒体使用时长与青少年注意力分散存在因果关系，要求：提供 RCT 实验数据；说明效应强度；排除家庭教育方式的干扰。"

提问模板 2：因果机制拆解

"请拆解［X］导致［Y］的传导机制，按以下结构分析：直接效应——$X \rightarrow Y$ 的线性作用（附回归分析结果要求）；中介效应——通过［M 变量］的间接路径（需用结构方程模型说明）；

调节效应——在［A 条件］下效应增强 / 减弱的证据。"

示例：

- "拆解最低工资上涨导致中小企业裁员的内在机制，需包含：直接雇用成本压力；通过自动化投资的中介效应；地区劳动力充裕度的调节作用。"

提问模板 3：反事实分析

"针对［X → Y］的因果关系，请进行反事实分析——假设未发生 X，Y 的预期变化趋势；自然实验验证——寻找类似准实验场景的数据支持；替代解释证伪——至少否定两种其他因果解释的可能性。"

示例：

- "分析远程办公降低通勤污染的因果关系，要求：对比疫情前后无政策干预地区的排放数据；使用火山爆发导致航班停飞的自然实验；排除经济衰退导致车流量下降的替代解释。"

7.7.3　补充因果型论证内容提问案例

| 案例：因果关系是否成立 |

用户提问： "数字经济是否加剧城乡收入差距？"

DeepSeek 回答：

一、核心结论

数字经济对城乡收入差距的影响具有双重性：

1. **短期加剧效应：** 数字基础设施与技能禀赋差异导致城乡收入差距扩大（基尼系数上升约 0.1~0.3 点）。
2. **长期收敛潜力：** 政策干预下，农村数字化追赶可使差距缩小（政策有效地区降幅达 15%~20%）。

关键调节变量： 农村数字普惠政策强度、教育水平、物流网络覆盖率。

二、机制拆解

1. 扩大差距的路径

机制	数据支撑	贡献度
基础设施鸿沟	城市光纤覆盖率（92%）对比农村（37%），导致数字接入成本差达3.2倍	45%
人力资本差距	城市数字技能培训参与率（58%）对比农村（12%），影响收入弹性系数0.31	30%
资本集聚效应	数字经济投资中82%流向城市，农村企业获VC/PE融资占比不足5%	25%

2. 缩小差距的路径 ⌄

机制	数据支撑	政策杠杆效应
电商下沉	淘宝村数量从2013年20个增至2023年7024个，带动户均年收入增加￥28500	+1.8% GDP
数字政务普惠	农村社保线上申领率提升至67%，减少行政成本导致的隐性收入损失	基尼系数降0.07
智慧农业	农业物联网技术使亩产提高23%，成本降17%，推动务农收入增速超城镇居民3个百分点	技术回报率38%

说明：因篇幅原因只展示部分回答。

第 8 章

请求润色提炼优化

8.1　文章润色

8.1.1　文章润色关键词

1. 关键词提取的核心公式

关键词提取的核心公式为［文章主题 / 文章名称］+［目标读者 / 风格定位］+［内容结构 / 逻辑］+［语言表达］+［特定需求］。

示例拆解：

- "旅行随笔《漫步巴黎》（文章主题 / 文章名称）；面向文艺青年读者群（目标读者 / 风格定位）；以时间顺序叙述旅行经历，穿插个人感悟（内容结构/逻辑）；语言优美，富有诗意（语言表达）；需要增加一些当地文化小知识以提升文章深度（特定需求）。"

在这个组合中，明确"文章主题 / 文章名称"让我们聚焦于具体的写作内容，"目标读者 / 风格定位"帮助我们确定文章的受众和基调，"内容结构 / 逻辑"确保了文章的条理性和连贯性，"语言表达"则体现了文章的文采和风格，"特定需求"可能是基于编辑或读者的反馈，对文章进行的一些定制化调整。这样的组合有助于更全面地指导文章润色的过程，确保文章符合主题要求。

2. 关键词库

常用关键词如表 8-1 所示。

表 8-1　常用关键词

维度	常用关键词
文章主题 / 文章名称	书名、故事背景、主题思想、中心论点、主人公、角色分析、情节发展、故事线索、文学风格、流派

（续表）

维度	常用关键词
目标读者 / 风格定位	目标读者群体（如学生、学者、普通读者、文学爱好者等）、风格定位（如正式、幽默、感性、学术性、通俗易懂等），目标受众的兴趣点、阅读习惯、文化背景、教育水平考虑
内容结构 / 逻辑	引言（背景介绍）、正文（主体内容、分析讨论）、结论（总结要点、个人感悟）、过渡段落、段落衔接、章节划分、结构紧凑
语言表达	流畅性、词汇丰富性、专业术语、修辞手法、句式变化、引用名言、经典语句、情感表达、感染力、场景描写、细节刻画
特定需求	语法检查、拼写错误、句子重组、段落优化、重点强调、冗余弱化、数据支持、事实依据、文化敏感性、政治正确性、见解独特

8.1.2　文章润色提问的 4 个句式模板

提问模板 1：目标读者与内容优化

"我撰写了一篇关于［文章主题］的文章，目标读者是［目标读者群体］，请从［内容结构 / 逻辑］和［语言表达］两方面给出优化建议，确保文章能吸引并满足目标读者的需求。"

示例：

- "我撰写了一篇名为《健康饮食指南》的文章，目标读者是家庭主妇，请从内容结构和语言表达两方面给出建议，确保文章既实用又易于理解。"

- "我创作了一篇关于历史事件的文章，目标读者是历史爱好者，请从内容深度和语言生动性上提出改进意见，使文章更具吸引力和可读性。"

提问模板 2：风格定位与语言表达调整

"我的文章《［文章名称］》旨在吸引［目标读者群体］，请根据［风格定位］的要求，调整文章的［语言表达］，并给出具体修改建议。"

示例：

- "我的文章《职场生存法则》旨在吸引职场新人，请按照轻松幽默的风格定位，调整文章的用词和句式，使其更加贴近年轻人的阅读习惯。"
- "我撰写了一篇关于理财的文章，目标读者是家庭主妇，请按照实用简洁的风格定位，对文章的语言表达进行精简和优化，确保信息传达清晰明了。"

提问模板 3：内容结构与逻辑梳理

"请对我的文章《[文章名称]》的内容结构进行梳理，确保 [内容结构 / 逻辑] 清晰合理，并提出具体的修改建议。"

示例：

- "我写了一篇关于编程技术的文章，请对其内容结构进行梳理，确保从基础知识到进阶技巧的过渡自然流畅，逻辑严密。"
- "我撰写了一篇关于历史事件的文章，请对其内容结构进行梳理，确保时间线清晰，事件之间的因果关系明确。"

提问模板 4：特定需求与细节完善

"我的文章《[文章名称]》在 [特定需求] 方面存在不足，请针对这一需求提出具体的完善建议，并对文章进行细节上的润色。"

示例：

- "我写了一篇关于理财的文章，但缺乏具体的案例分析，请增加一些真实的理财案例，并对文章进行细节上的修改和完善。"
- "我撰写了一篇关于职场沟通的文章，但语言表达过于生硬，请对文章进行润色，使其更加亲切自然，并增加一些实用的沟通技巧。"

8.1.3 文章润色提问案例

| 案例：人物介绍 |

用户提问："'朱熹是南宋时期伟大的文学家、思想家，是一代理学宗师。他的理学思想对后世文学和哲学发展产生了深远的影响。而朱熹取得这些成就，与他的家庭环境有着密不可分的联系。重视儒学和启蒙教育的家庭环境在……'这是一篇关于朱熹的家庭背景介绍，我应该如何组织我的内容结构，以便更好地引导读者深入理解内容？同时，在语言表达上，我应该如何做到既精准又富有哲理？"

DeepSeek 回答：

家学如根：解码朱子理学的血脉基因

一、儒脉千年：婺源朱氏的士族传承

当我们在理学巨著的扉页间追寻朱子思想的源头，必先驻足于婺源朱氏的宗祠门前。自始祖朱环肇始，这个绵延七代的士族门第，将经史子集化作血脉中流淌的文化基因。"七世簪缨不坠，九畹兰蕙常芳"——朱熹承袭的不仅是官宦世家的政治遗产，更是一整套以《周礼》为纲、以《论语》为训的家学体系。在这个"诗书继世长"的儒门望族中，晨起诵读《孝经》、夜阑研讨《周易》的治学生活，早已成为比族谱更深刻的精神胎记。

二、退翁书斋：启蒙之光的初照之地

朱森自号"退翁"的深意，恰似其书斋窗棂上斑驳的日影——退隐江湖的仕宦，却在方寸书案前构筑起宏大的义理宇宙。这位七品致仕的儒者，将半生宦海沉浮的智慧凝练为三卷《家训》，在稚孙朱熹的蒙学阶段便播下"穷理正心"的种子。当我们的目光穿透历史尘埃，仍能窥见这样的场景：垂髫之年的朱熹立于祖父膝前，听其讲解《孟子》"浩然之气"时，眼中闪烁的正是后来"理气论"的星火微光。

三、童蒙养正：心性之学的破茧时刻

深究朱子"格物致知"的认知体系，会发现其根系早已深植于幼年的家学沃土。朱氏祠堂的晨昏定省，赋予他"礼者，天理之节文"的具象认知；祖父批注的《孝经》残卷，启蒙其"仁者，天地生物之心"的哲学思辨。那些被朱熹在《童蒙须知》中反复强调的洒扫进退之礼，实则是其理学大厦最隐秘的地基——当八岁的孩童在临帖时被要求"心正笔正"，这看似简单的训诫，已在悄然构建"心统性情"的理论雏形。

说明：因篇幅原因只展示部分回答。

8.2 论文润色

8.2.1 论文润色关键词

1. 关键词提取的核心公式

关键词提取的核心公式为［研究背景］+［润色需求］+［具体段落 / 数据］+［特殊要求］。

示例拆解：

- "心理学研究（研究背景）；论文摘要需更加精炼且引人入胜（润色需求）；第三段实验方法描述和第四段数据分析部分（具体段落 / 数据），要求保留原文核心观点，同时提升语言流畅度和学术性（特殊要求）。"

在这个组合中，明确"研究背景"有助于理解论文的主题和领域，"润色需求"则指出了具体的改进方向，"具体段落 / 数据"让我们聚焦于需要润色的核心内容，"特殊要求"则可能涉及对语言风格、学术性、数据呈现方式等方面的特别要求。

2. 关键词库

常用关键词如表 8-2 所示。

表 8-2 常用关键词

维度	常用关键词
研究背景	学科领域、期刊要求、论文类型、研究阶段
润色需求	语言精炼、逻辑清晰、学术性提升、数据可视化、图表优化、引用格式规范、创新性强调、结论部分强化
特殊要求	保持原文核心观点、符合特定期刊投稿要求、增加读者吸引力、强调研究创新点、调整语言风格以适应不同读者群体

8.2.2 论文润色提问的 3 个句式模板

提问模板 1：针对性润色需求咨询

"我的论文主题是［研究背景］，在［具体段落 / 数据］部分存在［润色需求］，请提供［具体建议 / 方法］来改善。"

示例：

- "我的论文主题是教育学探讨，在数据分析部分存在表述不够清晰的问题，请提供改善数据呈现和解释的具体建议。"
- "我正在撰写一篇关于医学实验的论文，摘要部分需要更加精炼且吸引读者，请给出有针对性的润色建议。"
- "我的论文是关于心理学研究的，在引言部分想要强调研究的重要性和背景，但语言不够流畅，请提供润色建议。"

提问模板 2：段落 / 数据优化请求

"我的论文［具体段落 / 数据］部分需要优化，目标是提升［润色需求］，请给出［具体数量］条改进建议。"

示例：

- "我的论文实验方法部分需要优化，目标是提升逻辑性和可读性，请给出 3 条改进建议。"
- "我的论文结论部分需要润色，目标是强调研究贡献和未来研究方向，请给出 2 条具体建议。"

提问模板 3：特殊要求润色咨询

"我的论文主题是［研究背景］，在［具体段落 / 数据］部分有［特殊要求］，请提供符合这些要求的润色建议。"

示例：

- "我正在撰写一篇关于文化研究的论文，在文献综述部分有特殊要求，需要在保持原文核心观点的同时提升学术性，请给出符合这些要求的润色建议。"

- "我的论文是关于法学研究的，在结论部分有特殊要求，需要强调法律实践意义和政策建议，请提供符合这些要求的润色建议。"

8.2.3 论文润色提问案例

| 案例：临床试验阶段论文 |

用户提问："我的论文是临床试验阶段报告，需确保伦理审查声明与数据溯源段落符合《赫尔辛基宣言》最新版本要求，请优化以下包含患者知情同意流程的描述，补充临床试验注册编号的标准引用格式。"

DeepSeek 回答：

修改后段落（原文位置：方法学章节 2.1 节）

"本研究经复旦大学附属中山医院医学伦理委员会批准（批件号：××），严格遵守《赫尔辛基宣言》（第 8 版）关于人体试验的伦理原则。所有参与者均在入组前签署双语文版知情同意书（中英文对照，见补充材料 S1），并通过以下流程保障知情权：

1. **预说明阶段：** 研究者使用标准化视频（时长 8 分 23 秒）解释试验目的、潜在风险及退出机制

2. **48 小时冷静期：** 签署前提供纸质版《参与者权利手册》（含 24 小时咨询电话）

3. **动态同意机制：** 通过微信小程序实时更新试验进展，允许撤回授权

试验数据存储于**国家健康医疗大数据中心**（NHMDC，安全认证号：××），采用区块链技术实现操作留痕（详见数据溯源流程图 3）。原始病例报告表（CRF）的修改记录时间戳及研究者电子签名，审计轨迹保留至试验终止后 5 年。

临床试验注册：本试验已在中国临床试验注册中心前瞻性注册（ChiCTR××），引用格式为：

World Health Organization. International Clinical Trials Registry Platform:ChiCTR××. Available from ××"

伦理审查声明增强项

1.**新增声明模板**（建议置于论文结尾）：

"本研究：

I.未向参与者收取任何与试验相关的费用

II.为所有受试者购买临床试验责任保险（平安保险单号：××）

说明：因篇幅原因只展示部分回答。

8.3　文案润色

8.3.1　文案润色关键词

1.关键词提取的核心公式

关键词提取的核心公式为［文案类型］+［目标受众］+［核心信息］+［风格要求］+［润色重点］。

示例拆解：

- "产品推广文案（文案类型）；针对年轻女性消费者（目标受众）；强调产品独特卖点及优惠活动（核心信息）；要求语言活泼、富有感染力（风格要求）；润色重点在于吸引注意力和激发购买欲望（润色重点）。"

在这个组合中，明确"文案类型"有助于我们确定文案的撰写方向和目的，"目标受众"让我们了解文案需要吸引哪类人群，"核心信息"则是文案要传达的主要内容，"风格要求"决定了文案的语言风格和表达方式，而"润色重点"则强调了文案中需要特别关注和优化的部分。

2.关键词库

常用关键词如表 8-3 所示。

表 8-3　常用关键词

维度	常用关键词
文案类型	广告文案、活动宣传、产品介绍、品牌故事、社交媒体文案、新闻稿、用户案例、课程宣传
目标受众	职场新人、宝妈群体、银发族、企业管理者、IT 从业者、学生群体、运动爱好者、潜在用户、老用户、流失用户、决策者、意见领袖
核心信息	功能创新、性价比、独家技术、用户体验、可持续发展、社会责任、工匠精神、用户至上
风格要求	正式专业、轻松幽默、文艺清新、硬核干货、温暖治愈、悬念反转、故事叙事、对话式互动、极简留白
润色重点	标题抓人眼球、开头引发兴趣、内容逻辑清晰、结尾强化行动、表达口语化、金句提炼、专业术语规避、画面感增强、冗余信息删减

8.3.2　文案润色提问的 3 个句式模板

提问模板 1：文案优化需求明确

"我正在撰写一篇［文案类型］的文案，目标受众是［目标受众］，核心信息是［核心信息］。我希望文案的风格是［风格要求］，润色重点应放在［润色重点］上。请给出具体的润色建议。"

示例：

- "我正在撰写一篇产品推广文案，目标受众是年轻女性消费者，核心信息是新款化妆品的独特配方和护肤效果。我希望文案的风格是活泼有趣的，润色重点应放在吸引注意力和强调产品优势上。请给出具体的润色建议。"

- "我正在为一场活动策划撰写宣传文案，目标受众是大学生群体，核心信息是活动的亮点和参与方式。我希望文

案的风格是简洁明了的，润色重点应放在突出活动亮点
和激发参与热情上。请给出具体的润色建议。"

提问模板 2：文案风格与受众匹配

"我撰写的文案类型是［文案类型］，需要针对［目标受众］
进行优化。我希望文案能够符合［风格要求］，同时确保核心信
息［核心信息］得到有效传达。请给出如何根据受众特点和风
格要求调整文案的建议。"

示例：

- "我撰写的文案类型是社交媒体文案，需要针对年轻消费
  者进行优化。我希望文案能够符合活泼有趣的风格要求，
  同时确保产品特点得到有效传达。请给出如何根据受众
  特点和风格要求调整文案的建议。"

- "我撰写的文案类型是新闻报道文案，需要针对中老年群
  体进行优化。我希望文案能够符合正式严谨的风格要求，
  同时确保新闻要点得到清晰传达。请给出如何根据受众
  特点和风格要求调整文案的建议。"

提问模板 3：文案润色难点求助

"我正在撰写一篇［文案类型］的文案，但在润色过程中遇
到了困难。我的目标受众是［目标受众］，核心信息是［核心信
息］，但我不知道如何使文案更符合［风格要求］，以及如何突
出［润色重点］。请给出具体的润色技巧和建议。"

示例：

- "我正在撰写一篇品牌宣传文案，但在润色过程中遇到了
  困难。我的目标受众是职场人士，核心信息是品牌的创
  新理念和企业文化，但我不知道如何使文案更符合正式
  严谨的风格要求，以及如何突出品牌专业性。请给出具

体的润色技巧和建议。"

8.3.3　文案润色提问案例

| 案例：城市宣传文案 |

用户提问："'当玉龙雪山的第一缕晨光刺破云层时，纳西古乐伴着潺潺溪水流过 800 年石板街，普洱茶香与东巴纸墨的气息在四方街交融——这里不是匆匆打卡的景点，而是能让时光凝固的［生活博物馆］。联合国教科文组织认证的世界文化遗产三桂冠之城，正以海拔 2400 米的纯净呼吸，等待治愈每个都市倦客的灵魂。'这是一篇关于云南旅游宣传的文案，面向大众群体，重点宣传云南的景色优美，请帮我润色一下，要增强互动感，重点增加金句密度。"

DeepSeek 回答：

> 这是我重新润色的版本，在保留原文诗意的基础上增强互动性与传播力，并植入6处金句（已用▲标注）：
>
> 当玉龙雪山的金辉刺破云层▲你伸手就摸得到时间的形状
> 驼铃摇醒纳西古乐 清溪漫过五代人脚背的石板路
> 把普洱茶喝成流动的琥珀 任东巴文的墨香钻进衣角
> ——这里拒绝「游客」身份 ▲只给愿意成为风景的人发放入场券
>
> 联合国教科文组织在这里盖下三枚蓝冠徽记
> 2400米海拔酿出的风正穿过茶马古道裂缝
> ▲吹散你身上99%的都市焦虑分子
> （深呼吸 这里允许把会议提醒调成溪流白噪声）
>
> 在四方街的晨光里认领三件事：
> 用掌心接住雪山融化的星子（它比钻石更懂永恒）
> 跟着披星戴月的纳西族奶奶学晒三文鱼干
> ▲最后把自己种进丽江的慢镜头 等月光来收割年轮
>
> 【不是攻略的攻略】
> ⌚把手表寄存给客栈老板
> 👣📷转角遇到六百岁的老墙别急着拍照

说明：因篇幅原因只展示部分回答。

8.4 提案润色

8.4.1 提案润色关键词

1. 关键词提取的核心公式

关键词提取的核心公式为［核心目标］＋［关键痛点］＋［提案属性］＋［期望风格］＋［特殊需求］。

示例拆解：

- "提升品牌形象（核心目标）；消费者认知度低（关键痛点）；创意广告提案（提案属性）；要求现代简约风格（期望风格）；强调品牌故事和情感共鸣（特殊需求）。"

在这个组合中，明确"核心目标"让我们聚焦提案的主要目的，"关键痛点"揭示了当前面临的挑战，"提案属性"则指明了具体要提交的方案类型，"期望风格"为提案设定了视觉和语言上的基调，"特殊需求"则强调了提案中需要特别关注和强调的内容。

2. 关键词库

常用关键词如表 8-4 所示。

表 8-4 常用关键词

维度	常用关键词
核心目标	提高中标率、提升审批效率、增强说服力、激发情感共鸣、强化专业形象、优化阅读流畅度、突出竞争优势、清晰传达核心价值、适应快速决策场景
关键痛点	逻辑断层、数据单薄、案例陈旧、语言晦涩、视觉杂乱、亮点不清晰、预算合理性存疑、风险分析不足、收益描述模糊
提案属性	科技、医疗、教育、环保、金融、融资计划书、政府项目申请、客户合作方案、内部战略提案

维度	常用关键词
期望风格	学术严谨、亲切对话式、创意故事化、简洁干练、科技未来感、文艺清新系、数据可视化优先
特殊需求	包含 SWOT 分析、规避竞品名称、双语对照版本、添加动态图表、规避敏感政策表述、法务合规审查、紧急 24 小时交付

8.4.2 提案润色提问的 4 个句式模板

提问模板 1：润色需求概述

"我正在写［提案类型］提案，目标是［核心目标］，但遇到［问题］。希望提案风格［期望风格］，并考虑［特殊需求］。请提供润色建议。"

示例：

- "我正在写一篇广告提案，想提高品牌知名度，但消费者认知度低。希望风格有趣，并加入品牌故事。请润色。"

- "这是一份内部培训提案，想提升员工技能，但员工兴趣不高。希望风格专业且吸引人，加入互动环节。请润色。"

- "我正在写一篇市场调研提案，想分析市场趋势，但数据呈现不清晰。希望风格清晰明了。请润色。"

提问模板 2：风格与焦点建议

"我正在写［提案类型］提案，目标是［核心目标］，想强调［焦点］，风格要［期望风格］。请提供润色时如何聚焦和匹配风格的建议。"

示例：

- "我正在写一篇品牌推广提案，想提升品牌形象，强调创意，风格要独特。请建议如何聚焦创意并匹配风格。"

- "我正在写一篇产品改进提案，想提高产品质量，强调技术细节，风格要专业。请建议如何聚焦技术并匹配风格。"

提问模板 3：润色技巧与问题解决

"我正在写［提案类型］提案，目标是［核心目标］，但遇到［问题］。请提供针对问题的润色技巧和建议。"

示例：

- "我正在写一篇广告提案，想提高销售额，但消费者兴趣不高。请提供吸引消费者兴趣和激发购买欲望的润色技巧。"

- "我正在写一篇内部培训提案，想提升员工参与度，但员工积极性低。请提供提高员工参与度和积极性的润色技巧。"

- "我正在写一篇市场调研提案，想简化数据呈现，但数据复杂。请提供简化数据呈现和提高可读性的润色技巧。"

提问模板 4：提案对比与优化

"有两份［提案类型］草稿，都旨在［核心目标］，但风格和焦点不同。请对比优缺点，并提供结合二者优点的润色建议。"

示例：

- "有两份品牌推广提案，一份强调创意，一份强调数据。请对比优缺点，并提供结合创意与数据的润色建议。"

8.4.3　提案润色提问案例

｜案例：美妆品牌升级提案｜

用户提问："'美妆品牌升级提案。一、背景。在美妆市场蓬勃发展的当下，竞争愈发激烈。消费者对美妆产品的需求不仅局限于基础功效，更追求个性化、高品质及独特的品牌体验。为在这一环境中保持优势、实现突破，品牌升级势在必行。 二、品牌现状分析……' 这是一篇美妆品牌升级提案，核心矛盾是现有视觉体系无法承载高端定位。期望通过先锋艺术元素＋极简结构重塑形象，重点润色产品包装设计逻辑，最终达成溢价能力提升 20% 的目标。"

DeepSeek 回答：

以下是对美妆品牌升级提案的优化方案，聚焦"视觉体系支撑高端定位"的核心矛盾，强化先锋艺术元素与极简结构的融合表达，重点完善产品包装设计逻辑体系：

三、品牌升级核心策略（重点优化版）

1. 品牌基因重塑体系

- **视觉定位公式**：先锋艺术基因（30%）＋极简建筑结构（40%）＋科技交互体验（30%）

- **符号系统构建**

  采用解构主义设计语言：

  - **主视觉**：几何切割形态（正十二面体为基础型）象征专业与永恒
  - **色彩系统**：钛空银（50%）、晶石白（30%）、克莱因蓝（20%）构成科技艺术感
  - **动态标识**：开发可交互AR logo，扫描呈现产品成分分子运动可视化

2. 产品包装价值升级模型（黄金三角架构）

```text                                          Copy Code
1    ① 结构创新层：
2    - 应用建筑折纸工艺，包装可二次组装为艺术摆件
3    - 磁吸悬浮开合设计（已申请专利）
```

说明：因篇幅原因只展示部分回答。

8.5 摘要提炼

8.5.1 摘要提炼关键词

1. 关键词提取的核心公式

关键词提取的核心公式为［文本类型］＋［核心信息］＋［受众特点］＋［提炼目的］。

示例拆解：

- "学术论文（文本类型）；新型材料研究进展（核心信息）；科研人员及学生（受众特点）；简短汇报（提炼目的）。"

在这个组合中，明确"文本类型"有助于确定提炼的方向，"核心信息"锁定了内容要点，"受众特点"让提炼更符合目标读者的需求，"提炼目的"则确保了摘要的简洁度和深度。这样的组合有助于高效且精准地传达原文主旨。

2. 关键词库

常用关键词如表 8-5 所示。

表 8-5　常用关键词

维度	常用关键词
文本类型	学术论文、新闻报道、小说摘要、会议记录、政策文件、产品说明书、博客文章、社交媒体帖子
核心信息	研究成果、事件概述、情节梗概、讨论要点、政策要点、产品功能、核心观点、情感表达
受众特点	专业人士、学生群体、普通读者、决策者、投资者、消费者、技术爱好者、特定兴趣群体
提炼目的	快速了解、信息筛选、内容预览、报告撰写、决策支持、知识分享、营销宣传、情感共鸣

8.5.2　摘要提炼提问的 4 个句式模板

提问模板 1：基本信息提炼请求

"请基于［文本类型］，提炼出［文本类型］的［核心信息］，受众为［受众特点］，提炼目的是［提炼目的］。要求简洁明了，突出关键点。"

示例：

- "请基于一份市场研究报告，提炼出报告的核心信息，受众为企业决策者，提炼目的是制定市场策略。要求简洁明了，突出市场趋势和机会点。"

- "请基于一篇学术论文摘要，提炼出论文的核心信息，受众为同行研究人员，提炼目的是了解研究成果和贡献。要求简洁明了，突出研究方法和主要结论。"

提问模板 2：重点数据 / 观点提炼

"在［文本类型］中，提炼出［数量］个关键数据 / 核心观点，这些数据 / 观点对［受众特点］来说最为重要，提炼目的是［提炼目的］。请确保数据的准确性和观点的代表性。"

示例：

- "在一篇财经分析中，提炼出 3 个关键数据点，这些数据对投资者来说最为重要，提炼目的是评估股票投资价值。请确保数据的准确性和时效性。"

- "在一篇健康研究报告中，提炼出 5 个关键健康数据，这些数据对普通大众来说最为重要，提炼目的是提高健康意识和行为。请确保数据的科学性和实用性。"

提问模板 3：受众特定信息提炼

"针对［受众特点］，从［文本类型］中提炼出与其最相关的信息点，提炼目的是［提炼目的］。要求信息贴合受众需求，易于理解和接受。"

示例：

- "针对消费者，从一份产品评测报告中提炼出与其购买决策最相关的产品信息，提炼目的是辅助购买决策。要求信息客观公正，易于理解。"

- "针对学生群体，从一篇学习方法分享中提炼出与其学习最相关的高效学习方法，提炼目的是提高学习效率。要求方法实用可行，易于操作。"

提问模板 4：精炼摘要撰写指导

"请为［文本类型］撰写一份精炼摘要，摘要需包含［核心信息］，受众为［受众特点］，提炼目的是［提炼目的］。摘要要求字数不超过［字数限制］，语言简洁明了，逻辑清晰。"

示例：

- "请为一篇学术论文撰写一份精炼摘要，摘要需包含论文的研究目的、方法、结果和结论，受众为同行研究人员，提炼目的是快速了解研究内容。摘要要求字数不超过 300 字，语言准确严谨。"

8.5.3　摘要提炼提问案例

| 案例：人工智能领域论文摘要 |

用户提问："2024 年 5 月，教育部办公厅印发《关于开展基础教育"规范管理年"行动的通知》，提炼出这篇通知的核心观点，提炼目的是理解政策导向和影响。请确保观点的准确性和代表性。"

DeepSeek 回答：

教育部《关于开展基础教育"规范管理年"行动的通知》核心观点提炼如下，供教育工作者重点把握政策导向：

1. 系统治理教育生态
- 确立"五育并举"新规范，构建全链条育人体系
- 重点整治违规招生、超前教学、违规补课等顽疾
- 建立教育生态负面清单制度，明确52项管理红线

2. 深化评价体系改革
- 推行过程性评价与增值评价相结合的新模式

- 严控考试频次，义务教育阶段实施"一学期一考"
- 建立教师专业发展档案，突出育人成效考核

3. 强化师德师风建设
- 实行师德失范"一票否决"制
- 推行教师职业行为"十项准则"全员承诺
- 建立教师心理辅导与职业倦怠干预机制

4. 规范学校日常管理
- 落实"五项管理"精细化标准（作业／睡眠／手机／读物／体质）
- 实施课后服务"白名单"资源准入制度
- 建立校园安全"网格化"责任体系

5. 推进教育数字化治理
- 建设全国基础教育管理服务平台
- 推行"互联网＋监管"新模式
- 建立教育质量大数据预警机制

说明：因篇幅原因只展示部分回答。

8.6 观点提炼

8.6.1 观点提炼关键词

1. 关键词提取的核心公式

关键词提取的核心公式为［核心问题］＋［多角度分析］＋［证据支持］＋［个人见解］。

示例拆解：

- "如何平衡工作与生活（核心问题）？从时间管理（角度一）、心理健康（角度二）、家庭关系（角度三）进行分析。研究显示，有效的时间管理能提高工作效率，减少加班时间（证据一）；良好的心理健康状态有助于提升生活满意度（证据二）；而积极的家庭关系则是生活幸福感的重要来源（证据三）。结合个人经验，我认为设定清晰的界限、培养兴趣爱好及定期组织家庭活动是实现平衡的关键（个人见解）。"

在这个组合中，"核心问题"明确了讨论的中心议题，"多角度分析"确保了观点的全面性和深度，证据支持增强了观点的说服力，而"个人见解"则赋予了观点独特性和实用性。

2. 关键词库

常用关键词如表 8-6 所示。

表 8-6　常用关键词

维度	常用关键词
核心问题	平衡工作与生活、职业发展规划、健康生活方式、教育子女策略、人际冲突解决、技术创新趋势、环境保护措施、社会热点问题
多角度分析	时间管理、心理调适、身体健康、财务规划、家庭关系、职场技巧、政策法规、社会文化、科技影响
证据支持	研究数据、专家观点、成功案例、历史经验、统计数据、调查报告、科学原理
个人见解	个人经历、情感体验、价值判断、创新思维、未来预测、改进建议、反思总结

8.6.2　观点提炼提问的 3 个句式模板

提问模板 1：核心问题阐述与多角度分析请求

"请围绕［核心问题］，从［角度 1］、［角度 2］、［角度 3］等角度进行分析，并结合［证据支持］提炼出主要观点。"

示例：

- "请就'企业数字化转型的关键要素'进行阐述，从技术革新、组织架构调整、员工技能培训等角度进行分析，并结合行业报告和成功案例提炼出 4 个核心观点。"

提问模板 2：观点对比与证据支持请求

"请对比［观点 A］与［观点 B］，从［对比维度 1］、［对比维度 2］等方面进行分析，并结合［证据支持］给出你的看法。"

示例：

- "请对比'在线教育可以完全取代传统教育'与'在线教育只能作为传统教育的补充'这两个观点，从教育质量、学习体验、师生互动等维度进行分析，并结合教育专家的观点和实际案例给出你的看法。"
- "请对比'电动汽车是未来交通的主流'与'燃油车在短期内仍不可替代'这两个观点，从环保效益、续航里程、充电设施等维度进行分析，并结合市场数据和政策导向给出你的见解。"

提问模板 3：个人见解与证据支持表达

"请就［话题］表达你的个人见解，并结合［证据支持］进行阐述。"

示例：

- "请就'人工智能在医疗领域的应用前景'表达你的个人见解，并结合当前医疗 AI 的发展现状、成功案例及未来趋势进行阐述。"

8.6.3　观点提炼提问案例

> 案例：如何有效减少城市交通拥堵

用户提问："请围绕'如何有效减少城市交通拥堵'这篇文章，从交通规划、公共交通优化、私家车使用限制等角度进行分析，并结合国内外成功案例提炼出 3 个主要观点。"

DeepSeek 回答：

> **有效减少城市交通拥堵的 3 个关键策略**
>
> **1. 优化交通规划：混合土地利用与智能路网**
>
> 通过**混合布局居住、办公和商业区**，缩短通勤距离。深圳前海新区采用该模式后，高峰拥堵指数下降 25%。同时，采用**分级道路体系**（主干道一次干道一支路）和智能信号灯系统，提升道路通行效率 30%。
>
> **2. 提升公共交通效率：轨道交通与慢行系统**
>
> 东京通过密集的**轨道交通网络**分流 80% 以上通勤人群。哥本哈根建设 400 公里自行车专用道，使 47% 市民选择骑行，形成"轨道交通 + 慢行系统"的无缝衔接模式。
>
> **3. 限制私家车使用：拥堵收费与限行政策**
>
> 伦敦对中心区收取每日 15 英镑拥堵费，车流量减少 21%；新加坡通过动态**电子道路收费系统**（ERP）长期控制车流。北京、上海等地实施尾号限行，直接减少高峰时段车辆密度。

说明：因篇幅原因只展示部分回答。

8.7 标题优化

8.7.1 标题优化关键词

1. 关键词提取的核心公式

关键词提取的核心公式为［受众定位］+［核心内容］+［情感 / 利益点］+［独特性 / 创新点］。

示例拆解：

"年轻职场人（受众定位）；高效工作技巧（核心内容）；轻松提升效率（情感 / 利益点）；独家实战案例分享（独特性 / 创新点）。"

在这个组合中，"受众定位"明确了文章的目标读者群体，"核心内容"揭示了文章要传递的主要信息，"情感 / 利益点"触动了读者的内心需求或利益诉求，"独特性 / 创新点"则确保了文章在众多相似内容中脱颖而出。这样的组合有助于打造更具吸引力的文章标题。

2. 关键词库

常用关键词如表 8-7 所示。

表 8-7 常用关键词

维度	常用关键词
核心内容	工作技巧、生活窍门、创业经验、学习方法、健康养生、科技前沿、健身教程、旅游攻略
情感 / 利益点	轻松提升、省钱妙招、快速入门、高效学习、健康长寿、科技改变生活、塑形减脂、深度游玩
独特性 / 创新点	独家案例、实战经验、最新研究、未公开技巧、颠覆认知、创新方法、小众景点、独家视角

8.7.2 标题优化提问的 4 个句式模板

提问模板 1: 受众定位明确化

"针对[受众定位],如何制定一个吸引其注意力的[核心内容]标题,强调[情感 / 利益点],并融入[独特性 / 创新点]?"

示例:

- "针对年轻职场新人,如何制定一个吸引其注意力的'职场晋升秘籍'标题,强调'快速上手、少走弯路',并融入'独家内部资料'的独特性?"
- "针对科技爱好者,如何制定一个吸引其注意力的'最新科技产品评测'标题,强调'前沿科技、深度体验',并融入'独家对比分析'的独特性?"

提问模板 2: 核心内容突出化

"围绕[核心内容],如何设计一个标题,既突出主题,又包含[受众定位]的关注点,同时激发[情感 / 利益点],并展现［独特性 / 创新点］？"

示例：

- "围绕'高效工作法'，如何设计一个标题，既突出主题，又包含职场人士的关注点，同时激发'提升效率、轻松工作'的情感利益，并展现'实战案例分享'的独特性？"

- "围绕'健康养生知识'，如何设计一个标题，既突出主题，又包含中老年人群的关注点，同时激发'健康长寿、享受生活'的情感利益，并展现'最新科研成果'的创新点？"

- "围绕'旅游攻略'，如何设计一个标题，既突出主题，又包含旅游爱好者的关注点，同时激发'深度游玩、不虚此行'的情感利益，并展现'小众景点推荐'的独特性？"

提问模板 3：情感利益驱动化

"为了激发［受众定位］的［情感 / 利益点］，如何设计一个既包含［核心内容］，又融入［独特性 / 创新点］的标题，使其产生强烈共鸣？"

示例：

- "为了激发家庭主妇的'生活品质追求'，如何设计一个既包含'家居美化技巧'，又融入'环保节约理念'的标题，使其产生强烈共鸣？"

提问模板 4：独特性 / 创新点强调化

"如何在标题中强调［核心内容］的［独特性 / 创新点］，同时吸引［受众定位］的注意力，并激发其［情感 / 利益点］？"

示例：

- "如何在标题中强调'职场晋升秘籍'的'独家内部资料'独特性，同时吸引职场人士的注意力，并激发其'快速上手、少走弯路'的情感利益？"

8.7.3 标题优化提问案例

| 案例：职场成功 |

用户提问："为了激发职场人士的'成功欲望'，如何设计一个既包含'职场晋升技巧'，又融入'实战成功经验分享'的标题，使其产生强烈共鸣？"

DeepSeek 回答：

以下是5个兼顾「技巧干货」与「实战案例」的标题设计，精准切中职场人晋升痛点，强化代入感：

1. 《3年逆袭管理层：从执行者到决策者的晋升逻辑+15位高管实战路径拆解》
   （用时间紧迫感+身份跃迁吸引关注，案例拆解强化可信度）

2. 《职场晋升的3个底层逻辑：华为/腾讯总监亲授「关键战役」破局方法论》
   （大厂背书＋战略视角，用"关键战役"隐喻重大晋升节点，触发危机意识）

3. 《拒绝无效内卷！掌握这4条「暗规则」：我用3个真实项目案例升职加薪200%》
   （反内卷情绪共鸣＋数据化成果，用"暗规则"暗示独家干货）

4. 《从PPT工具人到团队Leader：8个跨部门协作的破局策略（附被董事长点赞的实战复盘）》
   （身份困境精准打击+高层认可案例，策略与故事双线驱动）

5. 《那些升得快的职场人，早在30岁前搞懂了这5件事：阿里P8晋升述职全流程曝光》
   （年龄焦虑精准营销＋内部流程揭秘，满足对"潜规则"的窥探欲）

设计逻辑：

① **冲突制造**：用「逆袭/破局/拒绝内卷」等对抗性词汇引发情绪共鸣；

② **成果诱惑**：通过「3年/200%/董事长点赞」等具象成果强化说服力；

③ **场景绑定**：选择「PPT工具人/跨部门协作」等具体职场痛点增强代入感；

④ **权威背书**：借势名企/高管/真实述职等降低认知门槛，提升可信度。

说明：因篇幅原因只展示部分回答。

8.8 语言优化

8.8.1 语言优化关键词

1. 关键词提取的核心公式

关键词提取的核心公式为［文体风格］+［目标受众］+［表达目的］+［情感调性］。

示例拆解：

- "学术论文（文体风格）；高校教师及研究生（目标受众）；阐述复杂理论（表达目的）；客观严谨（情感调性）。"

在这个组合中，明确"文体风格"让我们确定语言的正式程度与专业深度，"目标受众"界定了阅读对象的认知背景与兴趣点，"表达目的"明晰了撰写文章的具体意图，"情感调性"则奠定了全文的情感基调和语言色彩。这样的组合有助于更精准地选用合适的词汇与句式，提升文章的整体阅读体验。

2. 关键词库

常用关键词如表 8-8 所示。

表 8-8 常用关键词

维度	常用关键词
文体风格	新闻报道、小说创作、散文随笔、科普文章、营销文案、诗歌朗诵
表达目的	阐述观点、传递信息、激发情感、引导行动、娱乐消遣、教育启发、宣传推广、记录生活
情感调性	正面积极、幽默诙谐、悲伤沉重、严肃庄重、批判反思

8.8.2 语言优化提问的 3 个句式模板

提问模板 1：风格定位与调整

"我正在撰写一篇 [文体风格] 的文章，目标受众是 [目标受众]，旨在 [表达目的]。目前文章的语言风格与预期有所偏差，请指出应如何调整以更好地匹配 [情感调性]，并给出 [数量] 个具体的语言优化建议。"

示例：

- "我正在撰写一篇儿童故事，目标受众是 7 ~ 10 岁的儿童，旨在传递友谊与勇气的价值观。目前文章的语言过于复杂，请指出应如何简化为儿童易于理解的语言风格，并给出 2 个具体的语言优化建议。"

- "我正在撰写一篇营销文案，目标受众是年轻消费者，旨在推广一款新产品。目前文章的语言缺乏吸引力，请指出应如何调整为富有创意和活力的语言风格，以匹配年轻受众的情感调性，并给出 4 个具体的语言优化建议。"

提问模板 2：表达目的强化

"我正在撰写一篇旨在 [表达目的] 的文章，目前文章的语言表达未能充分凸显这一核心目的。请指出应如何通过语言优化来强化 [表达目的]，并给出 [数量] 个具体的建议。"

示例：

- "我正在撰写一篇旨在引导读者养成健康饮食习惯的文章，目前文章缺乏说服力，请指出应如何通过科学的证据和积极的呼吁来强化这一目的，并给出 2 个具体的建议。"

- "我正在撰写一篇旨在推广一项社会公益活动的文章，目前文章未能充分传达活动的紧迫性和重要性，请指出应如何通过有力的数据和感人的故事来强化这一目的，并给出 4 个具体的建议。"

提问模板 3：情感调性调整与优化

"我的文章旨在 [表达目的]，目标受众是 [目标受众]。为了营造特定的 [情感调性]，请指出当前文章的语言在哪些方面需要调整，并给出 [数量] 个具体的优化建议。"

示例：

- "我的文章旨在反思历史教训，目标受众是历史学者和学生。为了营造严肃而深刻的情感调性，请指出当前文章的语言在哪些方面需要调整，以更加严谨和引人深思，并给出 2 个具体的优化建议。"

8.8.3　语言优化提问案例

案例：周年庆典文章优化

用户提问： "'在这个充满喜悦与希望的日子里，我们齐聚一堂，共同庆祝我们公司成立十周年。十年，对历史的长河来说，只是短暂的一瞬；但对我们的公司而言，这是一段波澜壮阔、砥砺奋进的旅程，是每一个奋斗者用汗水与智慧书写的时代篇章……' 我的文章旨在庆祝公司成立十周年，目标受众是全体员工。为了营造庆祝和感恩的情感调性，请指出当前文章的语言在哪些方面需要调整，以更加积极向上和感人至深，并给出 3 个具体的优化建议。"

DeepSeek 回答：

为了增强文章的庆祝和感恩的情感调性，使其更加积极向上和感人至深，以下是 3 个具体的优化建议：

1. **增强情感表达：**
   - 当前文章在描述公司成长历程时，虽然详细但情感表达较为平淡。可以通过增加一些感人的故事或具体事例来增强情感深度。例如，可以描述一些关键时刻员工之间的互助、领导与员工之间的感人互动，或者客户对公司的感谢信等，这些都能让员工感受到公司的温暖和人情味。

2. **使用更加积极和鼓舞人心的语言：**
   - 文章中的一些描述如"艰难扎根""不辞辛劳"等，虽然体现了奋斗精神，但可以替换为更加积极向上的词汇，如"勇敢起航""热情投入"等。同时，可以增加一些激励性的语句，如"每一个挑战都是我们成长的阶梯，每一次成功都是我们共同的荣耀"，以此来激励员工继续前进。

3. **增加对未来的展望和祝福：**
   - 文章在回顾过去的同时，也应增加对未来的展望和祝福。可以描绘公司未来的宏伟蓝图，表达对员工未来发展的美好祝愿，如"在未来的日子里，我们将继续携手同行，共同创造更加辉煌的明天。愿每一位员工都能在这里实现自己的梦想，愿我们的公司成为行业的领航者"。这样的语句能够激发员工对未来的期待和憧憬。

通过以上调整，文章将更加符合庆祝和感恩的情感调性，能够更好地激励和感动全体员工。

说明：因篇幅原因只展示部分回答。

8.9 表达优化

8.9.1 表达优化关键词

1. 关键词提取的核心公式

关键词提取的核心公式为［文章类型］＋［受众特征］＋［表达效果］＋［情感倾向］。

示例拆解：

- "科普文章（文章类型）；青少年读者（受众特征）；通俗易懂（表达效果）；激发兴趣（情感倾向）。"

在这个组合中，"文章类型"确定了文章的基本框架和语言风格；"受众特征"帮助我们了解读者的认知水平和兴趣点，从而调整文章的深度和趣味性；"表达效果"明确了文章希望达到的阅读体验，如通俗易懂、引人入胜等；"情感倾向"则彰显了我们在文章中传递的情感色彩，是鼓励、启发，还是警示等。这样的组合有助于我们更全面地考虑文章表达优化的各个方面。

2. 关键词库

常用关键词如表 8-9 所示。

表 8-9　常用关键词

维度	常用关键词
表达效果	新闻报道、小说创作、散文随笔、科普文章、营销文案、诗歌朗诵
受众特征	年龄层次、性别偏好、职业领域、兴趣爱好、教育水平、消费习惯、地域分布、心理需求
情感倾向	客观中立、幽默诙谐、悲伤沉重、温馨感人、励志鼓舞

8.9.2　表达优化提问的 3 个句式模板

提问模板 1：目标导向型优化请求

"针对［文章类型］，面向［受众特征］，旨在实现［表达效果］，请提供优化建议，特别关注［具体优化点］。"

示例：

- "针对学术论文，面向学者专家，旨在实现逻辑严谨、论述充分的表达效果，请提供优化建议，特别关注论据的引用和论证的严密性。"
- "针对小说故事，面向学生群体，旨在实现引人入胜、情节紧凑的表达效果，请提供优化建议，特别关注人物形象的塑造和情节设计的合理性。"

提问模板 2：受众定制型优化需求

"为［受众特征］定制一篇［文章类型］，要求达到［表达效果］，并融入［情感倾向］。请给出创作指导和优化建议。"

示例：

- "为家长儿童定制一篇科普文章，要求达到通俗易懂、启发思考的表达效果，并融入积极正面的情感倾向。请给出创作指导和优化建议。"

提问模板 3：表达效果提升型咨询

"现有［文章类型］面向［受众特征］，希望提升［表达效果］。请指出当前存在的问题并提供优化方案。"

示例：

- "现有学术论文面向专家学者，希望提升逻辑严谨性。请指出当前论据引用和论证过程中存在的问题并提供优化方案。"

- "现有小说故事面向学生群体，希望提升情节紧凑性和人物形象塑造的生动性。请指出当前情节设计和人物描写方面存在的问题并提供优化方案。"

8.9.3 表达优化提问案例

| 案例：定制散文随笔 |

用户提问："'办公室角落的绿萝叶片上浮着一层薄灰，叶尖垂向打印机吐出的 A4 纸堆。这座三十七楼的全景玻璃幕墙把日光稀释成冷调的白，中央空调的哨音与键盘敲击声构成永不间断的背景音。人们经过茶水间时总会多看它一眼……'这是一篇为职场人士定制的散文随笔，要求达到深刻透彻、引人深思的表达效果，并融入客观中立的情感倾向。请给出创作指导和优化建议。"

DeepSeek 回答：

（创作指导与优化建议）

1. 意象选择：用办公室绿植的生命状态隐喻职场生态，避免直白议论，通过"根系穿透塑料盆""叶尖垂向 A4 纸堆"等细节实现客观化表达。

2. 视角处理：采用类纪录片镜头语言，保持观察者中立性。删除"我觉得""我认为"等主观表述，用咖啡渍年轮、激光笔红点等物象传递隐喻。

3. 结构设计：以植物生长周期对应职场人事变迁，形成环形叙事。绿萝—发财树—所有盆栽的递进，暗示个体命运最终汇入集体共性。

4. 情感节制：避免渲染奋斗或颓丧情绪，着重表现"存在"本身的韧性。将裁员、晋升等敏感话题转化为"储物柜钥匙叮咚""西装肘部毛边"等中性意象。

5. 语言优化：统一使用工业文明与自然生态交织的修辞，如"光合作用对应工作效能""根系延伸对应职场人际"。删除华丽形容词，采用"冷调的白""墨绿色"等克制的色彩描写。

6. 节奏把控：长句与短句交替营造呼吸感，如用"咖啡杯底……年轮般的圆"的长镜头句式，接"保洁阿姨……半瓶矿泉水"的速写式短句，模仿职场时间流速的错位感。

说明：因篇幅原因只展示部分回答。

8.10 数据优化

8.10.1 数据优化关键词

1. 关键词提取的核心公式

关键词提取的核心公式为［数据类型］+［分析目标］+［数据源］+［优化指标］。

示例拆解：

- "用户行为数据（数据类型）；提升产品转化率（分析目标）；社交媒体平台与内部系统（数据源）；留存率与点击率（优化指标）。"

在这个组合中，明确"数据类型"帮助我们确定分析的基础，"分析目标"则明晰了我们要达成的效果，"数据源"提供了数据的来源渠道，"优化指标"则指出了我们期望通过优化达到的具体数值或比例。这样的组合有助于更精准地定位数据优化方向。

2. 关键词库

常用关键词如表 8-10 所示。

表 8-10　常用关键词

维度	常用关键词
数据类型	用户行为数据、市场调研数据、财务数据、销售数据、网站流量数据、社交媒体数据、用户反馈数据、竞争对手数据
分析目标	提升产品转化率、优化用户体验、降低成本、增加销售额、提高网站流量、扩大品牌影响力、改善用户满意度、分析竞争对手策略
数据源	社交媒体平台、内部系统、第三方研究机构、市场调研问卷、财务报表、销售记录、网站分析工具、竞争对手公开信息
优化指标	留存率、点击率、转化率、ROI（投资回报率）、用户增长率、销售额增长率、网站跳出率、品牌提及率

8.10.2　数据优化提问的 4 个句式模板

提问模板 1：数据问题诊断与优化方向

"在［数据类型］的分析中，当前存在［具体问题］，分析目标是［分析目标］，请问应如何优化［数据源］以提高［优化指标］？"

示例：

- "在销售数据的分析中，当前存在数据准确性不高的问题，分析目标是提升销售预测的准确性，请问应如何优化销售记录系统以提高数据准确性？"
- "在市场调研数据的分析中，当前存在数据样本量不足的问题，分析目标是获取更全面的市场趋势，请问应如何优化调研方法以提高数据样本量？"

提问模板 2：数据源选择与整合优化

"为了［分析目标］，我需要［数据类型］的数据，请问应选择哪些［数据源］，并如何整合以提高［优化指标］？"

示例：

- "为了提升用户体验，我需要用户反馈数据和产品使用数据，请问应选择哪些用户反馈平台和产品日志分析工具作为数据源，并如何整合这些数据以发现用户体验改进点？"

- "为了制订有效的市场推广计划，我需要目标市场的人口统计数据和消费行为数据，请问应选择哪些市场调研机构和社交媒体分析工具作为数据源，并如何整合这些数据以制定精准的市场推广策略？"

提问模板 3：数据质量与准确性提升

"在［数据类型］的分析中，我发现［数据质量／准确性问题］，请问应如何优化数据处理流程以提高［优化指标］？"

示例：

- "在财务数据的分析中，我发现存在数据录入错误的问题，请问应如何优化数据录入流程和数据校验机制以提高数据准确性？"

- "在市场调研数据的分析中，我发现存在数据不一致性的问题，请问应如何优化数据整合和校验流程以提高数据一致性？"

提问模板 4：数据优化效果评估与持续改进

"在进行了［数据类型］的优化后，如何评估［优化指标］的提升效果，并持续改进数据优化策略？"

示例：

- "在进行了用户行为数据的优化后，如何评估用户体验改进点的发现效果，并持续改进数据收集和分析流程？"

- "在进行了市场调研数据的优化后，如何评估市场推广计划的有效性，并持续改进数据整合和分析策略以适应市场变化？"

8.10.3　数据优化提问案例

| 案例：数据异常 |

用户提问："在用户行为数据的分析中，我发现存在数据重复和异常值的问题，请问应如何优化数据清洗和预处理流程以提高数据质量？"

DeepSeek 回答：

在用户行为数据的分析中，优化数据清洗和预处理流程是提高数据质量的关键步骤。以下是一些具体的优化建议：

1. 数据清洗

- **删除缺失值**：对于缺失值占比较小的情况，可以直接删除包含缺失值的记录。如果缺失值较多，可以采用插值填补或使用均值、中位数等方法进行填补。
- **替换错误数据**：纠正数据集中明显错误的数据，如将负值替换为零或合理范围内的值。
- **消除重复数据**：删除数据集中重复的记录，以避免重复计算或分析。可以使用Python中的 `duplicated()` 方法来检测和处理重复值。

2. 异常值检测

- **箱线图法**：通过绘制箱线图来识别数据中的异常值，通常定义为超过箱须长度1.5倍的值。
- **Z-Score法**：通过计算数据的标准分数来判断异常值，通常定义为标准分数超过3的值。
- **IQR法**：通过计算数据的四分位距来识别异常值，通常定义为超过四分位距1.5倍的值。

3. 数据转换

- **数据标准化**：将数据转换为标准正态分布，常用于具有不同单位或量纲的数据。
- **数据归一化**：将数据缩放到一个特定的范围，如0到1之间，常用于需要比较不同特征的数据。
- **数据分箱**：将连续数据划分为离散的区间，如将年龄划分为"18~25岁""26~35岁"等。

4. 使用统计方法

- **均值法**：用数据的均值替代异常值，适用于数据呈正态分布的情况。
- **中位数法**：用数据的中位数替代异常值，适用于数据分布偏斜的情况。
- **众数法**：用数据的众数替代异常值，适用于分类数据。

5. 持续监控与改进

- **建立监控机制**：定期对用户画像的准确性和有效性进行评估，确保数据质量的持续改进。
- **用户验证**：通过用户调研、用户反馈等方式，对用户画像进行验证和评估，根据用户的反馈意见对画像进行调整和改进。

说明：因篇幅原因只展示部分回答。

8.11　格式规范优化

8.11.1　格式规范优化关键词

1. 关键词提取的核心公式

关键词提取的核心公式为 [文档类型]＋[格式要求]＋[内容特性]＋[优化目标]。

示例拆解：

- "学术论文（文档类型）；引用格式规范（格式要求）；含有大量引用文献（内容特性）；减少排版错误并提高可读性（优化目标）。"

在这个组合中，明确"文档类型"让我们了解需要优化的对象，"格式要求"指出了具体的规范标准，"内容特性"揭示了文档的独特之处，"优化目标"则强调了希望通过优化达到的效果。这样的组合有助于更精确地定位格式规范优化的方向。

2. 关键词库

常用关键词如表 8-11 所示。

表 8-11　常用关键词

维度	常用关键词
格式要求	字体大小与样式、段落格式、页眉页脚设置、标题层级、引用格式、图片与表格排版、页边距与行距、对齐方式
内容特性	含有大量数据图表、需要翻译为多语言版本、涉及复杂公式推导、包含多个附录、适合移动设备阅读、强调视觉设计效果、注重逻辑清晰性、适合快速浏览
优化目标	减少排版错误、提高可读性、增强专业形象、适应多平台展示、提升用户体验、便于搜索引擎收录、优化文件大小、便于快速定位信息

8.11.2　格式规范优化提问的 3 个句式模板

提问模板 1：特定文档格式优化咨询

"我有一份［文档类型］的文档，其［内容特性］为［具体描述］，为了达成［优化目标］，请问在格式规范上应如何进行调整和优化？"

示例：

- "我有一份学术论文的文档，其内容特性为包含大量数学公式和图表，为了提升论文的可读性和专业度，请问在格式规范上应如何进行调整和优化？"

- "我有一份简历求职信，其内容特性为强调个人技能和工作经验，为了吸引招聘者的注意力并提升简历的专业性，请问在格式和排版上有哪些优化建议？"

提问模板 2：格式规范对比与选择

"我需要在［文档类型］中选择一种最适合的［格式要求］，考虑到［内容特性］，请问哪种格式规范更为合适，并给出理由。"

示例：

- "我正在撰写一份产品说明书，考虑到内容特性为技术性强且需要详细说明操作步骤，请问在 APA、MLA 和 Chicago 等格式规范中，哪种更适合，并给出选择理由。"

提问模板 3：格式规范优化步骤咨询

"我正在对［文档类型］进行格式规范优化，当前处于［阶段/步骤］，接下来应该如何进行，以达成［优化目标］？"

示例：

- "我正在对学术论文进行格式规范优化，已经完成了标题页和摘要的排版，接下来应该如何进行目录和正文部分的排版，以提升论文的整体美观度和专业性？"

8.11.3 格式规范优化提问案例

| 案例：商业报告格式调整 |

用户提问："我正在对商业报告进行格式规范调整，已经完成了字体和段落格式的设置，接下来应该如何进行数据表格和图表的排版和美化，以增强报告的可读性和说服力？"

DeepSeek 回答：

在商业报告中，数据表格和图片的排版和美化是提升报告专业性和可读性的关键步骤。以下是一些具体的建议：

1. **统一风格：** 确保所有表格和图片的风格与报告的整体设计一致，包括颜色、字体和线条样式。使用报告的主题色或品牌色来增强视觉一致性。

2. **简洁明了：** 避免在表格和图片中使用过多的颜色或复杂的图案。简洁的设计有助于读者更快地理解信息。

3. **使用对比：** 在图片中使用对比色来突出关键数据或趋势。例如，可以使用深色来强调最重要的数据点。

4. **图表类型选择：** 根据数据的性质选择合适的图表类型。例如，使用柱状图或条形图来比较不同类别的数据，使用折线图来显示趋势，使用饼图来展示比例。

5. **数据标签和注释：** 在图片中添加数据标签和必要的注释，帮助读者理解数据。确保标签清晰可读，避免遮挡重要信息。

6. **标题和图例：** 为图片和表格添加清晰的标题和图例。标题应简洁明了，直接反映图表内容；图例应解释图表中使用的所有符号和颜色。

7. **对齐和间距：** 确保表格和图片中的元素对齐整齐，保持适当的间距，避免视觉上的拥挤。

8. **使用边框和背景：** 适当使用边框和背景色来区分不同的数据区域或强调特定部分，但要注意不要过度使用，以免分散注意力。

9. **响应式设计：** 如果报告将用于电子阅读，确保表格和图片在不同设备上都能良好显示，考虑使用响应式设计。

说明：因篇幅原因只展示部分回答。

第9章

请求校阅检查审查

9.1 文本校阅校对

9.1.1 文本校阅校对关键词

1. 关键词提取的核心公式

关键词提取的核心公式为［文本类型］+［校阅目标］+［错误类型］+［优先级］。

示例拆解：

- "学术论文（文本类型）；语法与拼写检查（校阅目标）；英文专业术语误用（错误类型）；投稿前一周（时间优先级）。"

在这个组合中，明确"文本类型"让我们了解校阅的具体对象，"校阅目标"明晰了需要检查的内容，"错误类型"指出了需要重点关注的错误，时间"优先级"则强调了校阅的紧迫性。这样的组合有助于更精准地定位校阅任务，提高校阅效率。

2. 关键词库

常用关键词如表 9-1 所示。

表 9-1　常用关键词

维度	常用关键词
文本类型	学术论文、小说、新闻报道、商业文案、广告文案、技术文档、法律文件、教育资料
错误类型	语法错误、拼写错误、标点错误、格式错误、逻辑错误、事实错误、语言风格不一致、专业术语误用
评估标准	准确性、流畅性、一致性、专业性、可读性、合规性、紧急程度、修改难度

9.1.2 文本校阅校对提问的 3 个句式模板

提问模板 1：基础校阅需求说明

"我有一份［文档类型］，其［内容特性］为［具体描述］，需要按照［格式要求］进行校阅。我的［优化目标］是［具体目标］，请提供校阅方案。"

示例：

- "我有一篇学术论文，其内容特性为包含大量专业术语和引用文献，需要按照 APA 格式要求进行校阅。我的优化目标是确保论文格式规范，引用文献准确无误，请提供详细的校阅方案。"
- "我正在准备一份商业计划书，其内容特性为数据丰富且图表较多，需要按照公司统一的文档格式进行校阅。我的优化目标是提升计划书的专业性和可读性，请提供有针对性的校阅建议。"

提问模板 2：特定错误查找与修正

"在我的［文档类型］中，我发现存在［特定错误类型］的问题，如［具体错误描述］。请针对这些问题，提供修正建议和校阅方法。"

示例：

- "在我的学术论文中，我发现存在语法和拼写错误的问题，如时态不一致、单词拼写错误等。请针对这些问题，提供详细的修正建议和校阅方法。"
- "在我的新闻报道稿中，我发现存在事实性错误和逻辑不清的问题，如数据不准确、信息前后矛盾等。请针对这些问题，提供核实方法和逻辑梳理建议。"

提问模板 3：校阅质量与效率评估

"我需要对一份［文档类型］进行校阅，关注［评估维度］如［具体描述］。请提供校阅方案，并说明如何确保校阅质量和效率。"

示例：

- "我需要对一份商业计划书进行校阅，关注可读性和专业性这两个评估维度。请提供有针对性的校阅建议，并说明如何提升计划书的专业性和可读性，同时确保校阅效率。"

9.1.3 文本校阅校对提问案例

| 案例：新闻报道稿 |

用户提问："'关于公司新产品推广会议纪要 一、会议基本信息 会议时间：2024 年 6 月 3 日 会议地点：公司一楼会议室 参会人员：市场部全体成员、研发部部分成员 二、会议主要内容 研发部负责人李明详细介绍了新产品的功能特性。新产品具有高效节能、操作简便等优点……'我撰写了一份会议纪要，但发现其中存在内容错误、会议议程与实际讨论内容不符及决策事项表述模糊等问题。这些问题可能影响到会议纪要的准确性和权威性，进而影响到后续工作的执行。请针对这些特定错误进行校对校阅，以确保会议纪要的完整性和准确性。"

DeepSeek 回答：

根据您描述的会议纪要问题，我将按照专业校对校阅流程进行修正，并提供系统化的校对方法建议：

一、内容错误修正

1. 日期校对

原文问题：6月32日（日期逻辑错误）

修正方法：核对原始会议通知/日程表，建议改为2024年6月28日（假设实际日期）

2. 人员信息核查

原文问题："研发部部分成员"表述模糊

修正方法：

- 补充具体参会人员名单［如：李明（研发部总监）、张红（产品工程师）等］
- 添加缺席人员说明（如有必要）

二、议程一致性审查

1. 议程比对

原文问题：实际讨论超出既定议程

修正方法：

- 核对会议原始议程文件
- 补充被遗漏的议程要点（如：预算分配讨论、风险评估等）
- 删除未实际讨论的预设议程

2. 内容完整性检查

建议补充：

- 争议性讨论记录（如对推广策略的不同意见）
- 未通过提议的记录（如被否决的推广方案）

说明：因篇幅原因只展示部分回答。

9.2　正确错误甄别

9.2.1　正确错误甄别关键词

1. 关键词提取的核心公式

关键词提取的核心公式为［信息类型］+［甄别目标］+［关键特征］+［影响程度］。

示例拆解：

- "网络信息（信息类型）；辨别真伪（甄别目标）；来源权威性与内容逻辑性（关键特征）；高度影响决策（影响程度）。"

在这个组合中，明确"信息类型"帮助我们锁定甄别的范围，"甄别目标"明晰了具体要判断的内容，"关键特征"指出了甄别时应当关注的要点，"影响程度"则强调了甄别结果的重要性。这样的组合有助于更准确地识别信息的真伪与可靠性。

2. 关键词库

常用关键词如表 9-2 所示。

表 9-2　常用关键词

维度	常用关键词
甄别目标	辨别真伪、评估价值、识别偏见、分析可信度、判断适用性、检测抄袭、评估来源可靠性、识别误导信息
关键特征	来源权威性、内容逻辑性、数据准确性、引用规范性、观点中立性、语言表达清晰度、时间时效性、发布平台信誉
影响程度	决策关键性、健康安全影响、财务损失风险、社会舆论导向、个人声誉损害、教育误导程度、技术发展影响、法律合规性

9.2.2　正确错误甄别提问的 4 个句式模板

提问模板 1：真伪快速判断

"我看到一条［信息类型］说［简述内容］，这是真的吗？请从［一两个关键点］帮我确认一下。"

示例：

- "朋友转发一条微信说吃某种水果能治病，这是真的吗？请从科学依据上帮我确认。"

- "网上有篇文章说锻炼能逆转衰老，这是真的吗？请从科学研究的角度帮我确认。"

- "邮件里有个链接说能免费领礼品，这是真的吗？请从链接安全性上帮我确认。"

提问模板 2：价值快速评估

"我找到一条［信息类型］说［简述内容］，对我有用吗？请从［一两个角度］帮我评估一下。"

示例：

- "微博上说这个学习方法能大幅提高成绩，对我有用吗？请从学习效率和适用性上帮我评估。"

- "新闻上说这个新技术能改变行业，对我有影响吗？请从行业趋势和实际应用上帮我评估。"

提问模板 3：偏见快速识别

"我看到一条［信息类型］似乎对［某个群体／事物］有偏见，是真的吗？请从［一两个方面］帮我识别一下。"

示例：

- "新闻报道说某个地区的人都是罪犯，是真的吗？请从报道公正性和地域歧视上帮我识别。"

提问模板 4：适用性快速判断

"我找到一条［信息类型］说［简述内容］，适合我吗？请从［一两个方面］帮我判断一下。"

示例：

- "广告上说这个课程能帮我提升职业技能，适合我吗？请从课程内容和职业规划上帮我判断。"

- "朋友推荐一个旅游地点说很适合放松，适合我吗？请从景点特色和我的旅游偏好上帮我判断。"

9.2.3　正确错误甄别提问案例

│ 案例：网络言论 │

用户提问："社交媒体上说年轻人都不爱工作了，是真的吗？请从数据支持和观点中立性上帮我识别。"

DeepSeek 回答：

关于年轻人是否不爱工作的问题，社交媒体上的讨论确实很多，但需要从数据和观点中立性上进行甄别。以下是一些关键分析：

数据支持

1. **工资与物价的对比**：数据显示，2022 年全国城镇居民人均可支配收入增长 3.9%，但同期鸡蛋价格上涨 10.3%，汽油涨价 20.1%，一线城市房租涨幅达 12% ~ 15%。这种"低性价比陷阱"使得许多年轻人感到工资增长无法跟上生活成本的上涨。

2. **工时与健康**：中国职场人年均工作 2200 小时。此外，"90 后"职场人群中，78% 存在颈椎问题，65% 有睡眠障碍，健康问题成为新痛点。

3. **灵活就业趋势**：互联网行业平均加班时长达每月 80 小时，但薪资涨幅仅 3.2%。这种困境，使年轻人更倾向选择时间自主的灵活就业，如自媒体、自由职业，其占比从 2019 年的 12% 升至 2025 年的 28%。

观点中立性

1. **价值观变化**：Z 世代中 76% 的受访者将"工作意义感"列为择业首要考量，远超薪资待遇（48%）。这种转变体现在 35% 的待业青年选择备考"冷门专业"，尽管薪资仅为互联网行业的 1/3，但能获得精神满足。

2. **职场环境恶化**：许多年轻人发现，即使拼尽全力工作，也无法实现买房买车的梦想。这种现实让人不禁质疑：我这么辛苦到底图什么？

3. **社交媒体影响**：社交媒体和短视频平台的普及，也让年轻人对工作的态度发生了微妙变化。他们通过社交媒体看到更多元化的生活方式，从而对传统工作模式产生质疑。

结论

综合以上分析，年轻人并非不爱工作，而是对传统工作模式的不满和对更灵活、有意义的工作方式的追求。数据支持了这种趋势，而观点中立性则揭示了背后的深层次原因。因此，社交媒体上的讨论并非空穴来风，而是反映了当代年轻人对工作态度的真实变化。

说明：因篇幅原因只展示部分回答。

9.3 不同版本差别

9.3.1 不同版本差别关键词

1. 关键词提取的核心公式

关键词提取的核心公式为［产品名称／服务］＋［版本类型］＋［功能差异］＋［目标用户群体］。

示例拆解：

- "最新款智能手机（产品名称／服务）；旗舰版或标准版（版本类型）；旗舰版多摄像头系统＋更高分辨率屏幕（功能差异）；追求极致摄影与视觉体验的用户（目标用户群体）。"

在这个组合中，明确"产品名称／服务"让我们聚焦讨论对象，"版本类型"区分了不同选择，"功能差异"揭示了各版本的独特卖点，"目标用户群体"则帮助我们理解这些差异是为了满足哪些特定需求。这样的组合有助于更清晰地比较和选择适合自己的版本。

2. 关键词库

常用关键词如表 9-3 所示。

表 9-3　常用关键词

维度	常用关键词
产品名称／服务	软件应用、硬件设备、在线服务、时尚单品、教育课程、游戏版本、会员服务
功能差异	新增功能、性能提升、界面优化、用户体验改进、定制化服务、附加价值内容
目标用户群体	初学者、专业人士、企业用户、个人消费者、学生群体、游戏爱好者、特定行业从业者、高净值人群
评估标准	性价比、功能实用性、用户体验满意度、升级必要性、兼容性考量、长期支持保障、社区活跃度、品牌信誉度

9.3.2 不同版本差别提问的 4 个句式模板

提问模板 1：版本功能对比询问

"请问［产品名称／服务］的［版本类型 A］与［版本类型 B］在［功能差异］上有哪些不同？主要面向哪些［目标用户群体］？"

示例：

- "请问某在线视频平台的会员服务中，高级会员与普通会员在广告免除、高清画质及独家内容上有哪些差异？主要吸引哪类观众？"
- "请问某款手机的旗舰版与标准版在摄像头配置、电池续航及外观设计上有哪些区别？主要面向哪些消费者群体？"

提问模板 2：版本选择建议

"我作为［目标用户群体］的一员，想要［具体需求］，应该选择［产品名称／服务］的［版本类型 A］还是［版本类型 B］？"

示例：

- "我作为一名摄影师，对分辨率和处理能力要求更高，应该选择某相机的专业版还是入门版？"
- "我作为一名学生，希望在学习之余能享受娱乐，应该选择某平板电脑的教育版还是娱乐版？"

提问模板 3：版本升级必要性评估

"我正在使用［产品名称／服务］的［旧版本类型］，请问升级到［新版本类型］有哪些新增功能或改进？是否值得升级，特别是对［目标用户群体］来说？"

示例：

- "我正在使用某软件的免费版，请问升级到付费版能带来哪些额外的功能和便利？对经常需要处理大量数据的用户来说，是否值得升级？"

- "我正在使用某在线课程的初级版，请问升级到高级版能学到哪些更深入的内容或获得哪些额外资源？对希望进一步提升专业技能的学习者来说，是否值得升级？"

提问模板 4：版本差异细节咨询

"请问［产品名称／服务］的［版本类型 A］相比［版本类型 B］，在［特定功能／特性］上有哪些细微差别？这对［目标用户群体］来说有何实际意义？"

示例：

- "请问某款耳机的无线版与有线版在音质表现和佩戴舒适度上有哪些细微差别？对经常外出的音乐爱好者来说，无线版是否更具优势？"

- "请问某款软件的桌面版与移动版在功能完整性、界面设计及使用体验上有哪些差异？对需要随时随地办公的商务人士来说，哪个版本更实用？"

9.3.3 不同版本差别提问案例

｜案例：相机版本对比｜

用户提问： "请问某款相机的单反版与微单版在镜头兼容性、操作便捷性及便携性上有哪些不同？对喜欢旅行摄影的用户来说，哪个版本更合适？"

DeepSeek 回答：

以下是某款相机单反版与微单版在镜头兼容性、操作便捷性及便携性上的核心差异对比，以及针对旅行摄影用户的选购建议：

一、镜头兼容性差异

1. 单反版

- 拥有庞大的原生镜头群（如佳能EF卡口、尼康F卡口），适配性强且二手市场丰富。
- 新镜头开发逐渐减少，厂商重心转向微单系统。

2. 微单版

- 需适配新卡口（如佳能RF、尼康Z），原生镜头群数量少于单反，但新镜头光学设计更先进（如大光圈变焦镜头）。
- 支持通过转接环兼容单反镜头，但会牺牲便携性。

二、操作便捷性对比

1. 单反版

- 物理按键布局合理，功能键丰富，操控更符合专业用户习惯。
- 光学取景器（OVF）无延迟，但无法实时预览曝光效果，需依赖拍摄经验调整参数。

2. 微单版

- 电子取景器（EVF）支持实时预览曝光、白平衡、景深效果，并提供直方图、峰值对焦等辅助功能。
- 机身设计紧凑，部分机型可能因按键布局过于简化影响操作效率。

三、便携性表现

1. 单反版

- 因反光镜、五棱镜等机械结构，机身更厚重（如佳能5D系列约800g），携带负担较大。
- 电池续航更强，单块电池可拍摄800～1000张照片。

2. 微单版

- 无反光镜设计使机身轻量化（如索尼A7系列约500g），更适合长时间手持或背包收纳。

说明：因篇幅原因只展示部分回答。

9.4　制度审阅修订

9.4.1　制度审阅修订关键词

1. 关键词提取的核心公式

关键词提取的核心公式为［制度范畴］+［审阅焦点］+［修订要点］+［时间框架］。

示例拆解：

- "企业治理（制度范畴）；内部控制强化（审阅焦点）；细化财务报告流程（修订要点）；2024 财年第一季度末前（时间框架）。"

在这个组合中，"制度范畴"界定了审视的制度范围，"审阅焦点"明确了审查的核心目的，"修订要点"具体指出了需改进或更新的内容细节，"时间框架"则设定了完成修订的时间限制。这样的组合确保了问题提出的具体性和解决方案的时效性。

2. 关键词库

常用关键词如表 9-4 所示。

表 9-4　常用关键词

维度	常用关键词
制度范畴	公司治理、财务管理、人力资源管理、运营管理、信息技术管理、市场营销管理、供应链管理、环境健康安全管理
审阅焦点	合规性提升、流程优化、成本控制、风险管理、员工福祉、客户满意度、技术创新、市场适应性
修订要点	明确职责划分、更新政策条款、引入自动化工具、强化数据保护、优化审批流程、调整绩效考核标准、实施可持续发展策略、提升危机应对能力
时间框架	即时生效、本季度内、半年内、年度审计前、新项目启动前、财年结束前、法规变更生效前、定期复审周期（如每季度／每年）

9.4.2　制度审阅修订提问的 3 个句式模板

提问模板 1：具体修订需求明确

"在［制度范畴］中，针对［审阅焦点］，当前存在［具体问题］，需对［修订要点］进行修订，请提供［数量］条具体修订建议，并考虑［时间框架］。"

示例：

- "在公司治理制度中，针对内部控制流程，当前存在审批环节冗长的问题，需对财务报告审批流程进行修订，请提供 3 条具体修订建议，并考虑在 2024 财年第二季度前完成修订。"

- "在信息技术管理制度中，针对数据安全，当前存在访问权限管理不严格的问题，需对数据访问权限进行修订，请提供 4 条具体修订建议，并考虑在下一财年结束前完成。"

提问模板 2：修订方案对比选择

"在［制度范畴］中，关于［审阅焦点］，现有［数量］种修订方案，请从［评估维度］进行对比分析，并推荐最优方案，同时考虑［时间框架］。"

示例：

- "在运营管理制度中，关于库存管理，现有两种修订方案，一是采用先进的库存管理系统，二是增加库存盘点频率。请从库存准确率提升、成本投入、操作便捷性等维度进行对比分析，并推荐最优方案，同时考虑在半年内完成系统升级或流程调整。"

提问模板 3：综合修订规划咨询

"在［制度范畴］中，为提升［审阅焦点］的整体效能，需对［多个修订要点］进行综合修订规划。请提供一份全面的修订计划，包括修订目标、修订内容、实施步骤、时间表及预期效果，考虑［时间框架］。"

示例：

- "在公司治理制度中，为提升内部控制整体效能，需对财务报告流程、审批权限、风险管理等多个方面进行综合修订规划。请提供一份全面的修订计划，包括修订目标、具体修订内容、实施步骤、时间表及预期效果，考虑在下一财年开始前完成修订。"

- "在信息技术管理制度中，为提升数据安全和系统稳定性，需对数据访问权限、备份恢复策略、系统升级流程等多个方面进行综合修订规划。请提供一份全面的修订计划，包括修订目标、具体修订内容、实施步骤、时间表及预期效果，考虑在下一季度内开始修订并在年内完成。"

9.4.3 制度审阅修订提问案例

| 案例：人力资源管理制度 |

用户提问："'一、总则 （一）目的 为规范公司人力资源管理，优化人力资源配置，提高员工素质和工作效率，促进公司可持续发展，特制定本制度。（二）适用范围本制度适用于公司全体员工。（三）管理原则公正、公平、公开……'在这篇《人力资源管理制度》中，针对员工培训与发展，当前缺乏系统的职业规划指导，需对职业晋升路径进行修订，请提供2条具体修订建议，并考虑在下半年内实施。"

DeepSeek 回答：

针对员工培训与发展部分的职业规划指导，以下是两条具体的修订建议，并考虑在下半年内实施：

修订建议一：明确职业晋升路径和标准

1. **修订内容：**
- 在现有培训体系中增加"职业晋升路径"章节，详细列出公司内各岗位的晋升路径和标准。例如，从初级员工到高级员工，再到管理层，每个阶段的具体要求和评估标准。

- 制定明确的晋升评估流程，包括绩效评估、技能考核、领导力评估等，确保晋升过程的透明和公正。

2. **实施计划：**

- **7月：** 人力资源部与各部门负责人共同制定各岗位的晋升路径和标准。
- **8月：** 将修订后的职业晋升路径和标准纳入员工手册，并通过内部培训向全体员工传达。
- **9月：** 开始实施新的晋升评估流程，确保每位员工都了解自己的职业发展方向和晋升机会。

修订建议二：引入职业发展导师制度

1. **修订内容：**

- 建立职业发展导师制度，为每位员工分配一位经验丰富的导师，帮助其制定个人职业发展规划，并提供职业发展建议和指导。
- 导师定期与员工进行一对一沟通，评估其职业发展进展，并根据实际情况调整职业规划。

2. **实施计划：**

- **7月：** 人力资源部选拔并培训一批经验丰富的员工作为职业发展导师。
- **8月：** 为每位员工分配导师，并制定初步的职业发展规划。
- **9月：** 导师与员工进行首次一对一沟通，明确职业发展目标和行动计划。

说明：因篇幅原因只展示部分回答。

9.5 答案核对审核

9.5.1 答案核对审核关键词

1. 关键词提取的核心公式

关键词提取的核心公式为［答案类型］＋［内容领域］＋［核对要点］＋［审核标准］。

示例拆解：

- "书面回答（答案类型）；项目管理（内容领域）；事实准确性、逻辑连贯性（核对要点）；专业性、可读性、无偏见（审核标准）。"

在这个组合中，明确"答案类型"帮助我们确定回复的形式，"内容领域"让我们聚焦于具体的知识或技能领域，"核对要点"列出了需要检查的关键方面，而"审核标准"则确保了答案的质量和价值。这样的组合有助于提升答案的准确性和可信度。

2. 关键词库

常用关键词如表 9-5 所示。

表 9-5　常用关键词

维度	常用关键词
答案类型	书面回答、口头建议、数据报告、图表分析、视频教程、音频讲解、操作指南、经验分享
内容领域	学术研究、项目管理、技术解答、市场营销、法律咨询、医疗健康、教育指导、金融理财、历史解读、科学普及
核对要点	事实准确性、逻辑连贯性、数据完整性、引用来源可靠性、法律合规性、隐私保护、文化敏感性、无偏见性
审核标准	专业性、可读性、实用性、时效性、创新性、全面性、无错别字、格式规范

9.5.2　答案核对审核提问的 3 个句式模板

提问模板 1：基础答案审核请求

"请对［答案类型］的答复进行核对审核，内容领域为［内容领域］，重点检查［核对要点］，依据［审核标准］进行评估。"

示例：

- "请对书面回答的答复进行核对审核，内容领域为项目管理，重点检查事实准确性和逻辑连贯性，依据专业性和可读性进行评估。"
- "请对上面内容的答复进行核对审核，内容领域为技术解答，重点检查操作步骤的准确性和清晰度，依据全面性和无错别字进行评估。"

提问模板 2：特定领域答案深度审核

"针对［内容领域］的答复，请深入核对［具体核对点］，并依据［审核标准］提出改进建议。"

示例：

- "针对市场营销的答复，请深入核对目标市场分析和竞争对手分析，并依据创新性和全面性提出改进建议。"

提问模板 3：多答案对比审核

"请对比以下［数量］个答复在［内容领域］方面的［对比维度］，依据［审核标准］推荐最优答复。"

示例：

- "请对比以下两个答复在项目管理方面的执行效率和成本控制，依据实用性和性价比推荐最优答复。"
- "请对比以下三个答复在金融理财方面的预期收益和风险等级，依据长期收益和风险系数推荐最优答复。"
- "请对比以下两个答复在教育指导方面的教学方法和学生学习效果，依据可读性和个人满意度推荐最优答复。"

9.5.3 答案核对审核提问案例

| 案例：论据核对 |

用户提问："'心理健康对个人生活质量的重要性。论据：心理健康状况良好的人更有可能在学业、工作和家庭等方面取得成功，从而提升整体的生活质量。例如，心理健康的人更容易集中注意力，提高学习效率，还能发挥创造力，培养创新思维……'请针对观点阐述类答案在心理健康领域的论据充分性进行详细核对，并按照信息时效性和创新性或独特性给出审核

意见。"

DeepSeek 回答：

一、论据充分性核对与审核意见

1. 心理健康对个人生活质量的重要性

- **论据1**：心理健康与学业、工作、家庭成功的关系

  - **充分性**：该论点基于心理学基础理论（如积极心理学、认知资源理论），但缺乏具体数据支撑。例如，未引用世界卫生组织（WHO）关于心理健康与工作效率的关联性研究（如2021年报告指出，抑郁和焦虑每年导致全球生产力损失约1万亿美元）。

  - **时效性**：需补充近5年的研究，如疫情后心理健康对远程学习/工作的影响（2022年《柳叶刀》研究显示，青少年心理健康问题导致学习效率下降30%）。

  - **创新性**：可加入跨学科视角（如神经科学中"心理弹性"对创造力的神经机制研究），或新兴领域如"数字心理健康"对学习效率的干预效果。

- **论据2**：心理健康与幸福感、免疫力及疾病风险

  - **充分性**：幸福感部分有实证支持（如积极心理学中的PERMA模型），但免疫力的论述需引用具体研究（如心理压力与炎症反应的生物学关联）。

  - **时效性**：可引用2023年《自然·行为医学》关于心理干预降低心血管疾病风险的研究。

  - **创新性**：可补充"心理－免疫轴"的前沿研究（如肠道菌群与焦虑的关联），或心理健康在传染病防控中的作用（如疫情期间心理状态对免疫应答的影响）。

说明：因篇幅原因只展示部分回答。

9.6 数据核对检查

9.6.1 数据核对检查关键词

1. 关键词提取的核心公式

关键词提取的核心公式为［数据类型］+［核对目的］+［核对范围］+［时间要求］+［精确度需求］。

示例拆解：

- "销售数据（数据类型）；月度业绩核对（核对目的）；华东区域（核对范围）；8月（时间要求）；精确到小数点后两位（精确度需求）。"

在这个组合中，明确"数据类型"让我们聚焦需要核对的具体

信息，"核对目的"明晰了数据核对的意图，"核对范围"指出了需要关注的数据区域，"时间要求"强调了数据的时间节点，"精确度需求"则明确了数据核对的精确程度。这样的组合有助于更精确地定位数据核对的需求，从而获取更有针对性的建议。

2. 关键词库

常用关键词如表 9-6 所示。

表 9-6　常用关键词

维度	常用关键词
数据类型	销售数据、财务数据、用户行为数据、市场调研数据、生产数据、物流数据、人力资源数据、社交媒体数据
核对目的	业绩评估、预算控制、用户画像构建、市场趋势分析、生产效率提升、物流优化、人才选拔、舆情监控
核对范围	整体数据、部分数据、特定时间段数据、特定区域数据、特定产品线数据、特定用户群体数据
时间要求	实时核对、每日核对、季度核对、年度核对

9.6.2　数据核对检查提问的 3 个句式模板

提问模板 1：基础核对需求明确

"我需要核对［数据类型］，目的是［核对目的］，涉及的核对范围是［核对范围］，请按照［时间要求］完成，并确保精确度达到［精确度需求］。"

示例：

- "我需要核对销售数据，目的是确认月度业绩的准确性，涉及的核对范围是华东区域的所有产品线，请按照每周的频率完成核对，并确保精确度达到小数点后两位。"
- "我需要核对用户行为数据，目的是构建更精准的用户画像，涉及的核对范围是过去一个月内活跃用户的所有行为记录，请按照实时更新的频率进行核对，并确保精确度达到百分比形式。"

提问模板 2：特定错误查找与修正

"在［数据类型］的核对过程中，我发现存在［具体错误描述］的问题，请针对这些问题，在［核对范围］内查找并修正，确保数据准确性达到［精确度需求］。"

示例：

- "在财务数据的核对过程中，我发现存在部分支出项目分类错误的问题，请针对这些问题，在今年第一季度的财务数据中查找并修正，确保数据准确性达到个位。"
- "在用户行为数据的核对过程中，我发现存在部分用户行为记录缺失的问题，请针对这些问题，在过去一个月内活跃用户的所有行为记录中查找并补充，确保数据完整性达到 100%。"

提问模板 3：核对进度与质量控制

"我正在进行［数据类型］的核对工作，目前进度为［具体进度］，请提供质量控制建议，确保核对工作能够按照［时间要求］完成，并满足［精确度需求］。"

示例：

- "我正在进行财务数据的核对工作，目前进度为 70%，请提供质量控制建议，确保核对工作能够在本周五前完成，并满足个位数的精确度要求。"
- "我正在进行用户行为数据的核对工作，目前进度为 30%，请提供质量控制建议，确保核对工作能够实时更新，并满足百分比形式的精确度要求。"

9.6.3 数据核对检查提问案例

| 案例：销售数据 |

用户提问："'在刚刚过去的一个季度里，服装销售呈现出丰富的态势。女装销售额达 50 万元，占总销售额的 62.5%，其中连衣裙销售额为 20 万元，销售件数 1000 件，是最畅销的单品，其销售额较上季度增长了 15%；上衣销售额 18 万元……'在销售数据的核对过程中，我发现存在部分订单金额计算错误的问题，请针对这些问题，在华东区域的销售数据中查找并修正，确保数据准确性达到小数点后两位。"

DeepSeek 回答：

根据销售数据核对，发现存在以下问题及修正步骤：

1. 地域数据完整性缺失

- 原地域销售额总和缺失10万元（25+20+15+10=70万，总销售额80万）

- **修正方案：** 补充华东区域销售额10万元，占比12.5%

2. 修正后地域数据（精确到小数点后两位）

地区	销售额（万元）	占比计算（%）
A地区	25.00	31.25
B地区	20.00	25.00
C地区	15.00	18.75
D地区	10.00	12.50
华东区域	**10.00**	**12.50**
总计	**80.00**	**100.00**

3. 数据一致性验证

- **品类—渠道—地域联动校验**：华东区域10万元需按品类比例分配
  - **女装**：10万 × 62.5% = 6.25万元
  - **男装**：10万 × 25% = 2.50万元

说明：因篇幅原因只展示部分回答。

9.7 质量对比检查

9.7.1 质量对比检查关键词

1. 关键词提取的核心公式

关键词提取的核心公式为［文体类别］+［品质要素］+［对比细节］+［受众视角］。

示例拆解：

- "新闻报道（文体类别）；真实性与客观性（品质要素）；事实核查与报道角度（对比细节）；公众知情权与舆论导向（受众视角）。"

在这个组合中，"文体类别"明确了文章的写作形式与目的，"品质要素"是评判文章优劣的关键标准，"对比细节"揭示了我们在评估时关注的具体环节，而"受众视角"则强调了文章需满足的读者需求与期望。这样的框架有助于我们更精准地识别文章的质量问题并提出改进建议。

2. 关键词库

常用关键词如表 9-7 所示。

表 9-7　常用关键词

维度	常用关键词
品质要素	信息准确性、逻辑连贯性、语言表现力、创新性思维、内容深度、结构合理性、视觉吸引力、情感共鸣力
对比细节	数据来源可靠性、论证过程严谨性、叙述技巧多样性、人物刻画生动性、情节构建合理性、技术细节准确性、教育理念适用性、社交互动活跃度
受众视角	信息需求满足度、阅读体验愉悦度、知识增长有效性、情感共鸣强度、决策辅助价值、审美享受层次、学习成果实用性、社交影响力提升

9.7.2　质量对比检查提问的 4 个句式模板

提问模板 1：文体特性审视

"请从［文体类别］的特有属性出发，审视以下文章的［品质要素］及［对比细节］，并提供改进意见。"

示例：

- "请从新闻报道的即时性与客观性出发，审视这篇报道的时效性、事实准确度和信息全面性，并提出如何增强报道时效性和客观性的建议。"
- "请从学术论文的专业性与创新性出发，审视这篇论文的研究深度、理论贡献及创新点，并提出如何提升论文专业度和创新性的建议。"

提问模板 2：受众需求匹配

"请基于［受众视角］，评估以下文章是否满足特定读者群体的需求，并提出优化建议。"

示例：

- "请基于学者对学术论文的需求，评估这篇论文是否提供了前沿的研究成果、严谨的论证过程，并提出如何增强论文学术价值的建议。"

提问模板 3：细节与整体协调

"请从文章［对比细节］的微观层面出发，结合［品质要素］的宏观要求，评估以下文章的细节处理是否得当，并提出改进建议。"

示例：

- "请从新闻报道的事实核查细节出发，结合信息准确性的要求，评估这篇报道的数据引用、事实描述是否准确无误，并提出如何加强事实核查的建议。"
- "请从学术论文的论证过程细节出发，结合逻辑连贯性的要求，评估这篇论文的论证结构、推理过程是否严密合理，并提出如何优化论证过程的建议。"

提问模板 4：多维度综合对比

"请从［品质要素］、［对比细节］及［受众视角］等多个维度出发，对以下文章进行综合对比评估，并推荐一篇最优文章。"

示例：

- "请从信息准确性、事实核查细节及公众知情权等多个维度出发，对以下两篇新闻报道进行综合对比评估，并推荐一篇最优报道。"
- "请从专业性、创新点及学者需求等多个维度出发，对以下两篇学术论文进行综合对比评估，并推荐一篇最优论文。"

9.7.3　质量对比检查提问案例

| 案例：新闻文稿质量 |

用户提问："'（本报讯）近日，本市某小区突发水管爆裂事故，社区工作人员与居民合力应对，两小时内恢复供水。事件发生于清晨 6 点左右，某小区 3 号楼地下车库入口处主供水管突然破裂，积水迅速漫至地面。物业值班员张建军发现险情后……'请基于公众对新闻信息的需求，评估这篇报道是否提供了读者关心的热点、焦点信息，并提出如何更好地满足公众知情权的建议。"

DeepSeek 回答：

这篇报道较好地涵盖了公众关心的热点和焦点信息，具体包括：

1. **事件经过**：详细描述了水管爆裂的时间、地点、影响范围以及应急处理过程，让读者能够清晰地了解事件的全貌。

2. **应急响应**：报道了物业、社区工作人员和居民的快速反应和协作，展示了社区在紧急情况下的应对能力。

3. **问题解决**：提到了抢险过程中遇到的意外情况及其解决方案，体现了专业人员的应急处理能力。

4. **后续措施**：报道了市政供水部门的通报、老旧管网改造计划以及物业公司的后续管理措施，提供了事件的长远解决方案。

5. **公众参与**：提到了业主委员会筹备成立"社区设施监督小组"并邀请专家培训，展示了公众对公共设施维护的关注和参与。

改进建议

为了更好地满足公众的知情权，可以考虑以下几点：

1. **数据支持**：提供更多具体数据，如受影响的具体户数、积水的深度、修复的具体时间等，以增强报道的客观性和可信度。

2. **专家解读**：邀请给排水专家或市政工程专家对事件进行专业解读，分析管道老化的原因及预防措施，提升报道的专业性。

3. **居民反馈**：采访更多居民，了解他们的感受和建议，增加报道的人情味和互动性。

4. **历史背景**：提供该小区或类似区域过去类似事件的背景信息，帮助读者更好地理解事件的严重性和紧迫性。

5. **安全提示**：在报道中加入一些安全提示或应急知识，如遇到类似情况时居民应如何应对，提高公众的安全意识。

说明：因篇幅原因只展示部分回答。

9.8 合同审核审查

9.8.1 合同审核审查关键词

1. 关键词提取的核心公式

关键词提取的核心公式为［合同类型］+［审核目的］+［关键条款］+［紧急程度/时限］。

示例拆解：

- "商业租赁合同（合同类型）；租金调整审核（审核目的）；租赁期限、违约责任关键条款（关键条款）；一周内完成（紧急程度/时限）。"

在这个组合中，明确"合同类型"让我们聚焦于具体的法律框架内，"审核目的"指出了审核的具体意图，"关键条款"强调了审核时需要特别关注的内容，"紧急程度/时限"则设定了工作的时间压力。这样的组合有助于更高效地获取专业且及时的审核建议。

2. 关键词库

常用关键词如表 9-8 所示。

表 9-8 常用关键词

维度	常用关键词
合同类型	商业租赁合同、劳动合同、服务合同、采购合同、销售合同、融资租赁合同、股权转让合同、技术许可合同
审核目的	合法性审查、条款合理性评估、风险防控、合规性检查、条款优化建议、双方权益平衡
关键条款	合同期限、违约责任、付款条件、服务质量标准、保密条款、知识产权归属、争议解决机制、不可抗力条款
评估标准	法律风险、经济风险、执行可行性、公平性、透明度、合规性、条款清晰度、后续修改灵活性

9.8.2 合同审核审查提问的 3 个句式模板

提问模板 1：关键条款澄清与风险评估

"在审核［合同类型］时，发现［关键条款］存在疑问或潜在风险，请详细解释条款含义，并评估相关风险，提出改进建议。"

示例：

- "在审核商业合作合同时，发现'保密条款'表述不清，请解释其具体内容，并评估潜在泄密风险，提出加强保密措施的建议。"
- "劳动合同中'绩效考核'条款较为复杂，请详细解释考核标准及流程，并评估其对员工激励的影响，提出优化建议。"

提问模板 2：审核进度与后续步骤咨询

"正在审核［合同类型］，目前进展至［审核阶段］，请指导下一步审核重点，并提供预期完成时间。"

示例：

- "正在审核商业合作合同，已初步审查合作双方基本信息，请指导下一步应重点关注哪些条款，预计何时能完成全面审核？"
- "租赁合同审核进展顺利，已完成租赁期限及租金支付方式审查，请指导后续审核步骤，并预估完成时间。"

提问模板 3：审核反馈与改进建议请求

"已完成［合同类型］的初步审核，发现［具体问题 / 不足］，请提出改进建议或解释相关条款。"

示例：

- "已完成商业合作合同的初步审核，发现'争议解决'条款缺乏明确性，请提出改进建议或解释条款含义。"
- "在劳动合同审核中发现'福利条款'表述模糊，请明确福利内容或提出改进方案。"

9.8.3 合同审核审查提问案例

| 案例：租赁合同 |

用户提问："'租赁合同 出租方（甲方）：＿＿＿＿＿＿ 承租方（乙方）：＿＿＿＿＿＿ 根据《中华人民共和国民法典》及相关法律法规，甲乙双方经协商一致，就房屋租赁事宜达成如下协议：一、房屋基本情况甲方将其位于＿＿＿＿＿＿的房屋（以下简称"租赁房屋"）出租给乙方使用……'在租赁合同审核中发现'维修责任'划分不明确，请明确责任归属或提出改进建议，确保合同公平性。"

DeepSeek 回答：

针对租赁合同中"维修责任"条款的改进建议及法律依据分析如下：

一、现行条款存在的问题

原第四条款存在以下法律风险：

1. "共同协商解决"表述过于模糊，易引发责任推诿

2. 未区分自然损耗与人为损坏的责任界限

3. 未明确维修响应时间和费用承担方式

4. 与第五条存在责任表述矛盾（自然损耗责任归属不一致）

二、法律依据分析

1. 《民法典》第七百一十二条：出租人应当履行租赁物的维修义务，但当事人另有约定的除外

2. 《民法典》第七百一十三条：承租人过错导致租赁物损坏的，承租人应当承担赔偿责任

3. 最高人民法院关于审理城镇房屋租赁合同纠纷司法解释第九条：区分不可归责事由的维修责任

三、具体修订建议（条款替换方案）

第四款 维修责任

1. 甲方责任范围：

　　① 房屋主体结构（地基、承重墙、梁柱等）的维护维修

　　② 预埋管道（给排水、供电、燃气）系统的正常维护

　　③ 交付时已存在的设施设备自然损耗（门窗五金件、防水层等）

　　④ 政府主管部门要求的强制性维修项目

说明：因篇幅原因只展示部分回答。

第 **10** 章

请求比较分析评判

10.1 比较对比

10.1.1 比较对比提问的关键词

1. 关键词提取的核心公式

关键词提取的核心公式为：请从［维度 1/ 维度 2/ 维度 3］方面，对比［对象 A］和［对象 B］在［场景 / 需求］下的优劣，并给出［数据 / 案例 / 优先级 / 选择］方面的建议。

示例拆解：

- "请从［记忆效率 / 时间成本 / 适用人群］方面，对比'费曼技巧'和'康奈尔笔记法'在［备考考研政治］下的优劣，并附上［具体操作案例］。"

在这个组合中，"记忆效率 / 时间成本 / 适用人群"是三个维度；"费曼技巧"和"康奈尔笔记法"是具体的比较对象；"备考考研政治"是具体的需求；"具体操作案例"是补充需求。

注意： 首先明确比较维度，限定比较范围，不要简单模糊提问，比如"A 和 B 有什么区别？"；其次，要提供背景信息，进而提高针对性，比如"选华为还是选 iPhone？"这样的提问没有意义，而应该改为"预算 5000 元以内，主要需求是［拍照 / 游戏 / 商务办公］，哪款机型更合适？"；最后，避免主观引导，比如"为什么 A 明显比 B 差？"这样的提问带有主观的意愿，而应该改为"A 和 B 在［目标用户群体 / 技术原理］上有哪些本质差异？"，提问越具体，答案就越精准。

2. 关键词库

常用关键词如表 10-1 所示。

表 10-1 常用关键词

维度	常用关键词
维度	性能、成本、费用、对象、体验、舒适度、适用度、效率、兼容性、性价比、风险、利润、合规
对象	产品、概念、方法（各类主体）
场景 / 需求	场景、需求、条件、用途、地域
补充需求	数据、案例、优先级、选择、排序

10.1.2 比较对比提问的 8 个句式模板

提问模板 1：多维度对比提问

"从［维度 1/ 维度 2/ 维度 3］来看，［对象 A］和［对象 B］的主要差异是什么？"

示例：

- "从续航时间、软件兼容性、维修成本 3 个维度，对比特斯拉 Model 3 和比亚迪汉的核心差异？"
- "在学习门槛、开发效率、社区支持方面，Python 和 Java 有何优劣？"

提问模板 2：限定场景提问

"在［具体场景 / 需求］下，［对象 A］和［对象 B］哪个更合适？为什么？"

示例：

- "预算 8000 元以内，主要用于视频剪辑和 3D 渲染，MacBook Pro 和 Windows 高端笔记本如何选择？"
- "针对中小企业的线下获客，微信朋友圈广告和抖音本地推广哪种 ROI 更高？"

提问模板 3：聚焦核心差异提问

"［对象 A］和［对象 B］在［技术原理 / 目标用户 / 商业模式］上有哪些本质区别？"

示例：

- "ChatGPT 和 Claude 的算法架构和训练目标有何本质差异？"
- "肯德基和麦当劳的本土化策略和供应链管理的核心区别是什么？"

提问模板 4：对比优缺点提问

"与［B］相比，［A］的主要优势和致命缺陷是什么？"

示例：

- "与 Notion 相比，Wolai 的主要优势和致命缺陷是什么？"

提问模板 5：数据对比提问

"请用近 3 年数据，对比［A］和［B］在［市场份额 / 用户增长率］上的表现。"

示例：

- "请用近 2 年实测数据，对比［A］和［B］在［能耗比 / 故障率 /ROI］上谁更突出？"

提问模板 6：替代对比提问

"在［某条件］限制下，［B］能否完全替代［A］？需注意哪些问题？"

示例：

- "如果要实现［某功能］，［A］和［B］哪种方案的边际成本更低？"

提问模板 7：优先级排序提问

"从［维度 1/ 维度 2/ 维度 3］综合来看，［A］和［B］的差异点按重要性如何排序？"

示例：

- "对于［某群体］，［A］和［B］的哪个差异点最值得关注？"

提问模板 8：长短期比较提问

"从长期使用（3 年以上）角度看，［A］和［B］的隐性成本差异是什么？"

示例：

- "长期家庭使用中，洗烘一体机和独立烘干机的维护成本差异是什么？"
- "短期见效快但［A］，长期收益高但［B］，该如何权衡？"

10.1.3　比较对比提问案例

| 案例：购买决策对比 |

用户提问："在预算 3000 元、主要用于拍摄短视频的场景下，iPhone SE 和小米 13 Lite 哪个更合适？。"

DeepSeek 回答：

一、核心需求匹配度			
维度	iPhone SE（第三代）	小米 13 Lite	胜出方
价格	约 2999 元（64GB 版本）	约 2699 元（8+128GB 版本）	小米 13 Lite
视频性能	支持 4K 60fps，优化防抖	支持 4K 30fps，AI 视频增强	iPhone SE

摄像头配置	单摄 1200 万像素（无超广角）	双摄 6400 主摄 + 800 万超广角	小米 13 Lite
续航能力	约 15 小时视频播放（电池较小）	4500mAh 电池 + 67W 快充	小米 13 Lite
存储扩展	无扩展（64GB 起步）	128GB 起步，无扩展	小米 13 Lite
屏幕体验	4.7 英寸 LCD 屏（无高刷）	6.55 英寸 AMOLED 屏（120Hz 高刷）	小米 13 Lite

三、决策建议

选择 iPhone SE 的情况：

- 注重 **视频画质稳定性**（如探店、vlog 等需高频移动的场景）；
- 依赖 **iOS 生态**（需与 Mac/iPad 无缝协作）；
- 能接受外接存储设备或定期备份文件。

选择小米 13 Lite 的情况：

- 需要 **多镜头创作**（超广角拍风景、多人合拍）；
- 对 **续航和快充** 要求高（长时间户外拍摄）；
- 预算需预留配件费用（如麦克风、三脚架）。

四、性价比总结

优先级	推荐机型
画质 & 防抖	iPhone SE
续航 & 多功能性	小米 13 Lite

若需兼顾两者，建议 **小米 13 Lite**（省下 300 元可购外接镜头或麦克风）。

说明：因篇幅原因只展示部分回答。

10.2 分析趋势

10.2.1 分析趋势提问关键词

1. 关键词提取的核心公式

关键词提取的核心公式为：基于［数据／模型／理论］，分析［对象］在［时间范围］内的［趋势 / 变化］，并给出［量化结论 / 风险评估 / 应对建议］。

示例拆解：

- "基于波特五力模型［模型］，分析中国 AI 芯片行业［对象］未来 2 年［时间范围］的竞争格局变化［变化］，并量化头部企业毛利率承压的风险等级［量化结论］。"

在这个组合中，"波特五力模型"是模型依据；"中国 AI 芯片行业"是具体的行业对象；"竞争格局变化"是分析的目标；"量化头部企业毛利率承压的风险等级"是量化结论。

注意：首先要明确时间范围，短期（1 ~ 3 年）/ 中期（3 ~ 5 年）/ 长期（5 ~ 10 年），因为年限不同，结论差异巨大；其次要绑定分析框架，指明使用 SWOT/PEST/ 波特五力等模型，提高逻辑性；最后要求量化输出，用"概率""增速""阈值"等数值替代模糊表述。

2. 关键词库

常用关键词如表 10-2 所示。

表 10-2　常用关键词

维度	常用关键词
模型依据	概念、理论、现象、数据、趋势、原理、模型
时间范围	短期（1 ~ 3 年）、中期（3 ~ 5 年）、长期（5 ~ 10 年）
结论	量化结论、风险评估、应对建议

10.2.2　分析趋势提问的 3 个句式模板

提问模板 1：行业趋势分析

"分析［行业 / 领域］未来［时间范围］的发展趋势，重点关注［技术／政策／需求等］因素，并预测可能的市场规模变化。"

示例：

- "分析新能源储能行业未来 3 年的发展趋势，重点关注锂电池成本下降和海外户储政策，预测全球储能装机量的增长率。"

提问模板 2：技术趋势分析

"基于［技术名称］的当前进展，判断其在［时间范围］内对［应用领域］的颠覆性影响，并量化替代传统技术的概率。"

示例：

- "基于固态电池研发进展，判断其在 2025—2030 年对电动汽车行业的颠覆性影响，量化其替代液态锂电池的市场份额概率。"

提问模板 3：政策影响分析

"假设［政策／事件］落地，推演其对［行业／企业］的短期（1 年内）和长期（3 ～ 5 年）影响，需包含量化指标（如成本变动／利润率波动）。"

示例：

- "假设欧盟对中国电动车加征 20% 关税，推演其对比亚迪出口业务的短期和长期影响，量化毛利率变动幅度。"

10.2.3　分析趋势提问案例

| 案例：分析成本下降空间 |

用户提问： "结合锂价周期（当前碳酸锂价格约 10 万元／吨），分析 2024—2026 年磷酸铁锂电池的成本下降空间，预测

其与三元锂电池的成本差距会扩大还是收敛，并量化对储能项目 IRR 的影响。"

DeepSeek 回答：

1. 原材料成本变动

- 碳酸锂价格假设：
  - 2024 年：10 万元/吨（当前价格中枢）；
  - 2025 年：8 万元/吨（锂矿供给过剩+回收放量）；
  - 2026 年：7 万元/吨（长协价向现货价收敛）。
- 正极材料成本：
  - 当前 LFP 正极成本约 **3.5 万元/吨**（碳酸锂占比 60%），锂价每下降 1 万元/吨，正极成本降约 **600 元/吨**。
  - 至 2026 年，LFP 正极成本降至 **2.8 万元/吨**（累计降幅 20%）。

2. 非原材料降本驱动

- 规模效应：LFP 产能利用率提升至 75%（2023 年约 65%），制造成本降幅 5%~8%；
- 技术迭代：CTP 3.0 普及提升体积利用率 15%，对应 Pack 成本降 **100 元/kWh**；
- 钠离子替代：2026 年钠电在低端储能领域替代 10% LFP 需求，倒逼 LFP 降价 **5%**。

3. 综合成本预测

年份	LFP 电芯成本（元/Wh）	降本幅度
2023	0.55	-
2024	0.50	−9%
2025	0.46	−8%
2026	0.42	−9%

说明：因篇幅原因只展示部分回答。

10.3　分析原因

10.3.1　分析原因提问关键词

1. 关键词提取的核心公式

关键词提取的核心公式为：分析［×× 现象/问题］的根本原因，当前背景是［简要说明业务场景或事件触发条件］。

示例拆解：

- "连续 3 天订单量下降 20%，仅发生在新用户群体，请帮我分析一下原因。"

在这个组合中，"连续 3 天订单量下降 20%"是问题；"仅发生在新用户群体"是业务说明。

注意：首先要明确"异常锚点"，说明"哪里不正常"，如"转化率从 5% 下降到 3%，误差集中在夜间"；其次要提供对比基准，如"正常情况下应为 ××，其他同类场景未出现"；最后，要尽量附上数据片段，如贴出关键变量示例（如 10 行数据），加速问题定位。

2. 关键词库

常用关键词如表 10-3 所示。

表 10-3　常用关键词

维度	常用关键词
现象	现象、问题、差异、异常、变化
背景	哪个分类、哪个群体、哪个场景、哪些条件

10.3.2　分析原因提问的 3 个句式模板

提问模板 1：直接请求原因

"我的［×× 业务／现象］出现［具体问题，如用户流失率上升、销量骤降］，可能是什么原因导致的？能否帮我分析潜在影响因素？"

示例：

- "我的电商平台发现'夜间时段（20:00—23:00）'的订单支付成功率下降 15%，但白天正常，可能是什么原因导致的？"

- "过去一周，用户注册转化率从 25% 下降至 18%（主要发生在新用户），请帮我分析可能的原因。"

提问模板 2：多变量关联分析

"数据包含 [变量 A、变量 B、变量 C]，观察到 [×× 指标] 在 [时间段 / 条件下] 异常波动，如何定位核心原因并验证假设？"

示例：

- "某教育 APP 包括用户 ID、学习时长、课程章节数、互动次数、设备类型等不同数据字段，现发现'用户每日学习时长'与'课程完成率'负相关（学习越久，完成率越低），请分析是否是'章节难度过高导致用户卡顿'或'设备兼容性问题'造成的虚假相关？是否需要分群统计（如按章节 / 设备类型拆解）？"

提问模板 3：异常事件归因分析

"[×× 事件]（如'系统上线新功能''促销活动'）后，[指标] 出现 [异常变化]，如何确定该事件是否为直接原因？需排除哪些干扰因素（如季节性、外部竞争）？建议用何种分析方法？"

示例：

- "社交 APP 在'新增消息已读回执功能'后，用户消息发送量下降 20%，且已对比新老用户行为，发现老用户降幅更明显，如何排除'同期节假日影响'或'竞品更新干扰'？是否需用双重差分法（DID）量化功能改动的真实影响？"

10.3.3 分析原因提问案例

| 案例：原因排查 |

用户提问："用户次日留存率从 60% 下降至 45%（近 2 周数据），新老用户均受影响，但 iOS 端降幅更大。数据包含：用户 ID、注册时间、设备类型、功能使用次数。已检查数据完整性，未发现缺失。请问可能的核心原因和排查方向有哪些？"

DeepSeek 回答：

二、关键排查步骤		
排查方向	**具体操作**	**优先级**
1. 分设备拆解异常	- 对比iOS与Android用户留存曲线，定位iOS端下降的起始时间点是否与某事件（如版本更新）重合。 - 检查iOS用户设备型号、系统版本分布（如是否集中于iPhone 15或iOS 17.4）。	高
2. 功能使用差异分析	- 统计留存用户与流失用户在"功能使用次数"上的分布差异（如是否某功能使用率骤降）。 - 聚焦iOS用户高频使用但留存低的功能，排查流程阻塞点（如支付失败、页面崩溃）。	高
3. 技术日志追溯	- 查询iOS端错误日志，筛选崩溃率、网络请求超时率、关键API错误码（如404/500）。 - 确认是否与留存下降时间点关联（如某次服务端部署后错误激增）。	高
4. 用户行为路径还原	- 提取流失用户在末次会话中的行为序列（如"注册→功能 A →退出"），寻找共性断点。 - 分析iOS用户是否在特定页面（如权限申请页）跳出率异常。	中
5. 外部因素验证	- 检查 App Store 近期差评关键词（如"闪退""无法登录"）。 - 确认第三方服务（如社交登录、支付SDK）在iOS端是否异常。	中

说明：因篇幅原因只展示部分回答。

10.4　评估分析

10.4.1　评估分析提问关键词

1. 关键词提取的核心公式

关键词提取的核心公式为：评估［评估对象］的可行性／质量，其核心目标是［明确目标］。

示例拆解：

- "评估'AI 客服替代 50% 人工客服'方案的可行性，其核心目标是降低 30% 客服成本并保持用户满意度不低于 85%。"

在这个组合中，"AI 客服替代 50% 人工客服"是评估对象；"降低 30% 客服成本并保持用户满意度不低于 85%"是评估目标。

注意：首先要量化目标，将模糊目标转化为可衡量的指标（如"提升体验"→"页面停留时长增加 15%"）；其次要分层拆解，按"战略层→执行层→风险层"逐级分析（如是否符合长期战略→是否具备短期资源→如何应对突发风险）；最后对标参考，引入行业标杆或历史数据作为基准（如"竞品 AI 客服覆盖率达 40%"）。评估分析是一项和数据、和标准、和层级打交道的工作。

2. 关键词库

常用关键词如表 10-4 所示。

表 10-4　常用关键词

维度	常用关键词
评估对象	一种解决方案、一种技术、一个政策、一个方案、一个标准、影响
目标	数量、具体数字、百分比、比率、比值

10.4.2　评估分析提问的 6 个句式模板

提问模板 1：影响评估

"［某做法］对［某群体 / 某领域］的短期效益和长期风险分别是什么？"

示例：

- "企业强制推行'996 工作制'对员工创新能力的短期激励和长期损害是什么？"

提问模板 2：替代评估

"如果要实现［某目标］，［当前做法］和［替代方案］的隐性成本和成功率有何差异？"

示例：

- "若想降低碳排放，'推广电动车'和'优化公共交通系统'哪种方案的社会总成本更低？"

提问模板 3：评估质量

"如何评估［×× 内容 / 产品］的质量？需要关注哪些核心指标（如用户留存率、错误率）？是否有行业标准或对标案例？"

示例：

- "如何评估一篇科普文章的质量？需关注准确性、可读性还是传播量？是否有权威评分模型作参考？"

提问模板 4：评估方案

"该方案［简述方案］是否可行？可能面临哪些风险（如成本超支、技术瓶颈）？需要哪些数据或实验验证？"

示例：

- "在社区推广垃圾分类 AI 督导机器人的方案是否可行？

硬件成本、居民接受度、政策支持度如何量化评估？"

提问模板 5：评估政策

"政策［×× 政策］的落地难点是什么？如何平衡执行成本与预期效果？需优先验证哪些假设？"

示例：

- "公司新考勤政策要求全员打卡 3 次 / 天，如何评估其对员工效率的影响？是否会导致隐性抵触？"

提问模板 6：效果评估

"如何量化［×× 活动 / 功能］的效果？需对比哪些数据维度（如 AB 测试、同期群分析）？如何排除外部干扰因素？"

示例：

- "新上线的'智能推荐'功能如何评估效果？是看点击率提升，还是用户停留时长？如何排除节假日流量波动的影响？"

10.4.3　评估分析提问案例

│案例：评估文章质量│

用户提问： "如何评估一篇科普文章的质量？需关注准确性、可读性还是传播量？是否有权威评分模型作参考？"

DeepSeek 回答：

科普文章质量评估框架与执行步骤

一、核心评估维度

科普文章需平衡 **准确性、可读性、传播量**，三者优先级为：

准确性 > 可读性 > 传播量

（科学传播的核心是传递正确知识，其次才是受众触达效率）

二、具体评估指标与工具		
维度	评估指标	工具/方法
1. 准确性	- 数据来源权威性（期刊论文/官方报告） - 结论与科学共识一致性 - 是否存在夸大或误导性表述	- 交叉验证引用文献 - 使用FactCheck工具（如SciCheck） - 专家盲审评分（3人以上独立审核）
2. 可读性	- 段落长度（建议≤5句） - 术语解释充分性 - Flesch阅读难易度指数（目标值60~70） - 图表信息转化率	- Hemingway Editor - Flesch-Kincaid测试工具 - 用户测试（如10人小组理解度调查）
3. 传播量	- 社交媒体分享率 - 平均阅读完成率 - 二次传播引用量（如被其他媒体转载）	- Google Analytics - Altmetric追踪器 - BuzzSumo内容分析

说明：因篇幅原因只展示部分回答。

10.5 评价评析

10.5.1 评价评析提问的关键词

1. 关键词提取的核心公式

关键词提取的核心公式为：请结合［具体场景/用户群体/标准/理论框架］，从［维度1/维度2］评价［对象］的［功能/价值/有效性/合理性］，并基于［数据/案例］说明其长期影响和短期缺陷。

示例拆解：

- "基于可持续发展理论［理论框架］，从资源消耗［维度1］和社区参与度［维度2］评价'网红景点打卡经济'［对象］的合理性［合理性］，并分析其在生态脆弱地区的潜在风险。"

在这个组合中，"可持续发展理论"是基于的理论，"资源消耗"是维度1，"社区参与度"是维度2，"网红景点打卡经济"

是评价对象，"合理性"是评价目标。

注意：避免模糊提问，比如"你怎么看？"；避免诱导性评价，比如"为什么 A 不如 B？"；避免主观和客观，主观提问时务必表明身份，比如"作为程序员，你如何评价 DeepSeek 在编程辅助上的作用？"；需要客观数据时，要限定数据的年限，比如"请用近 3 年财报数据说明 ×× 品牌的毛利率变化趋势"。

2. 关键词库

常用关键词如表 10-5 所示。

表 10-5　常用关键词

维度	常用关键词
结合的对象	概念、理论、现象、趋势、原理、场景、群体、标准、要求、规定
维度	各种评价指标、各种评价标准
评价目标	功能、价值、有效性、合理性、高效性
基于的依据	数据、案例、经验、成果、论证

10.5.2　评价评析提问的 5 个句式模板

提问模板 1：优缺点评价

"请从［维度 1/ 维度 2/ 维度 3］分析［对象］的核心优势和明显短板，并给出改进建议。"

示例：

- "从续航能力、系统流畅度、售后服务 3 方面，分析华为 Mate 60 Pro 的核心优势和短板。"
- "请评价 ChatGPT 在创意写作、代码生成、多语言翻译上的表现，并指出最需优化的功能。"

提问模板 2：体验式评价

"如果你是［用户角色］，长期使用［对象］后，最满意和最失望的点是什么？"

示例：

- "作为摄影师，长期使用索尼 A7M4 后，你最满意和最失望的功能是什么？"

- "以程序员身份，用 VS Code 开发大型项目时，哪些体验远超预期？哪些设计让你头疼？"

提问模板 3：优先级改进评价

"如果要提升［对象］的［用户体验 / 市场竞争力］，你认为最急需优化的前 3 个问题是什么？为什么？"

示例：

- "若要提升 B 站的内容创作者体验，最急需优化的前 3 个问题是什么？"

- "从电商平台角度，拼多多在农产品供应链上最该优先解决的 3 个瓶颈是什么？"

提问模板 4：批判性评价

"［某观点］在逻辑上是否存在自相矛盾或证据缺失的问题？请用［数据 / 理论］佐证。"

示例：

- "'AI 将完全取代人类工作'这一观点在哪些行业已被证伪？请引用近 3 年就业结构变化数据。"

提问模板 5：冲突评价

"［某做法］在［效率 / 公平 / 伦理］等维度上是否存在不可调和的冲突？哪些群体可能成为牺牲者？"

示例：

- "人脸识别技术在大规模应用时，公共安全效率与个人隐私权的冲突如何平衡？"

10.5.3　评价评析提问案例

| 案例：评价小红书直播功能 |

用户提问："从 Z 世代用户习惯和内容变现效率，评价小红书直播功能的竞争力，用头部博主案例佐证观点。"

DeepSeek 回答：

二、小红书直播功能的竞争力分析

1. 用户习惯匹配度

功能设计	Z世代适配性	对比竞品（抖音/快手）
双列信息流入口	降低内容选择焦虑，符合"逛"的心态	抖音单列强推送易引发疲劳
弹幕互动插件	支持表情包、定制化提问模板（如"求链接""蹭福利"），互动效率提升 30%+	竞品弹幕功能单一，信息过载率高
社区化直播标签	直播与笔记内容联动（如直播预告挂载笔记链接），用户从"种草"到"购买"路径缩短 50%	抖音直播与短视频内容割裂

2. 内容变现效率

变现方式	小红书策略	效率对比
品牌合作分佣	博主可挂载"小清单"（小红书自营商品库），佣金比例 15%～25%（高于抖音精选联盟的 5%～15%）	高分成吸引垂类博主入驻
用户打赏体系	"薯币"打赏 + 专属礼物特效，Z 世代打赏率较图文内容提升 200%	快手依赖家族打赏，抖音娱乐属性强
私域流量转化	直播观众自动沉淀至粉丝群，二次触达率超40%（抖音仅为15%）	小红书社区属性强化用户黏性

说明：因篇幅原因只展示部分回答。

10.6 判断判别

10.6.1 判断判别的关键词

1. 关键词提取的核心公式

关键词提取的核心公式为：基于［理论／模型］，从［维度1／维度2］判断［对象］的［性质／趋势／阶段］，并用［数据／案例］佐证结论或提供相关依据。

示例拆解：

- "用波特五力模型［模型］，从供应商的讨价还价能力［维度1］、购买者的讨价还价能力［维度2］、潜在竞争者进入的能力［维度3］、替代品的替代能力［维度4］、行业内竞争者现在的竞争能力［维度5］5个维度判断跨境电商是否仍处于红利期［阶段］，并用相关数据［数据］佐证。"

在这个组合中，"波特五力模型"是基于的模型；"供应商的讨价还价能力、购买者的讨价还价能力、潜在竞争者进入的能力、替代品的替代能力、行业内竞争者现在的竞争能力"是5个维度；"仍处于红利期"是判断的阶段；"相关数据"是佐证的依据。

注意：首先要拒绝二元提问，如"××是对还是错？"，而应该是"在何种阈值条件下，××的合理性成立？"；其次是警惕因果倒置，应追加验证"相关性是否等于因果性？请排除干扰变量的影响"；再次是区分事实与观点，要求标注"请明确结论中哪些是客观数据，哪些是主观推测？"；最后要预设时间范围，如"未来2年内或5年周期视角下"。通过这些限制和说明，以及补充，增强判断的准确性。

2. 关键词库

常用关键词如表 10-6 所示。

表 10-6 常用关键词

维度	常用关键词
依据	概念、理论、现象、数据、趋势、原理
判断的目标	性质、阶段、真伪、合规、合法、合理
佐证	数据、经验、案例

10.6.2 判断判别提问的 5 个句式模板

提问模板 1：多维度判读局势

"从[政治/经济/技术]和[社会/环境/文化]维度，如何客观评估当前[某事件/局势]的发展阶段和潜在转折点？请用[数据/案例]佐证关键结论。"

示例：

- "从供应链韧性和地缘政治风险维度，如何评估中国新能源汽车出口的现状与未来 3 年风险点？引用 2024 年出口数据说明。"

提问模板 2：判断原因

"[某现象]主要由[内部因素]还是[外部因素]驱动？请按影响权重排序[因素 1/因素 2/因素 3]，并说明判断依据。"

示例：

- "年轻人'逃离北上广'现象，主要由生活成本压力还是二三线城市发展机遇驱动？按重要性排序并对比 2016—2024 年人口流动数据。"

提问模板 3：判断对错

"根据 [法律／伦理／行业标准]，如何界定 [某行为／决策] 的合规性与道德风险？若存在冲突，何种标准应优先适用？"

示例：

- "依据《个人信息保护法》和互联网广告伦理指南，大数据精准推送广告的合规边界在哪里？用户知情权与商业效率冲突时如何取舍？"

提问模板 4：是非博弈判断

"若支持 [A 观点]，可能获得哪些短期收益但引发何种长期反噬？反之，选择 [B 观点] 的机会成本和系统风险如何量化？"

示例：

- "若支持'AI 生成内容不受版权限制'，短期如何刺激创作效率？长期是否会摧毁原创生态？请用音乐产业 NFT 案例进行对比分析。"

提问模板 5：动态变化判断

"判断 [某趋势] 的可持续性，应重点监测哪三个先行指标？若 [指标 X] 突破 [阈值]，是否意味着原有逻辑失效？"

示例：

- "判断'国潮品牌高端化'是否可持续，需监测哪些消费行为指标？若 Z 世代复购率低于 30%，是否预示市场风向变化？"

10.6.3　判断判别提问案例

案例：判断价值是否被高估

用户提问："以价值投资者视角，根据巴菲特护城河理论＋

席勒周期模型，判断宁德时代估值是否被高估？若结论为'高估'，说明哪些事件会逆转判断。"

DeepSeek 回答：

一、护城河理论视角：宁德时代的竞争优势与风险

1. 护城河验证

- **规模与成本优势**：宁德时代全球动力电池市占率超30%，规模效应带来显著成本优势，且通过CTP技术、钠离子电池等研发持续优化降本能力。
- **技术壁垒**：专利数量全球领先，研发投入占比超6%（2022年），固态电池等前沿技术布局具备先发优势。
- **客户绑定**：深度绑定特斯拉、蔚来、宝马等头部车企，通过长期协议锁定需求。

结论：宁德时代具备一定的护城河，但护城河宽度受限于以下风险：

- **技术迭代风险**：固态电池、氢燃料电池可能颠覆现有锂电技术路线。
- **客户集中风险**：前五大客户收入占比超50%（2022年），车企自研电池（如比亚迪、特斯拉）或扶持二供（如中创新航）威胁份额。
- **上游议价权弱**：锂、镍等资源依赖外部采购，2022年原材料成本占比超80%。

2. 行业特征制约护城河深度

- **强周期属性**：动力电池需求与电动车销量、补贴政策强相关，存在产能过剩风险（2023年全球产能利用率约65%）。
- **低差异化**：动力电池产品同质化较高，车企更关注性价比而非品牌忠诚度。

二、席勒周期模型视角：估值合理性检验

1. 席勒市盈率（CAPE）适用性修正

宁德时代上市时间较短（2018年），历史盈利数据不足，需结合行业周期调整：

- **行业CAPE参考**：全球动力电池行业10年CAPE中位数约25倍，宁德时代当前动态PE约35倍（2023年Q4），显著高于历史中枢。
- **增长溢价合理性**：假设未来5年宁德时代净利润复合增速20%（行业平均15%），PEG=1.75（35/20），高于成长股合理阈值（PEG≤1.2）。

2. 周期性风险信号

- **产能周期错配**：2023年全球动力电池产能规划超3 000GWh，需求预期仅1 200GWh，价格战压力加剧。
- **库存周期波动**：2022年锂价暴涨（碳酸锂超60万元/吨）透支需求，2023年锂价暴跌（跌破20万元/吨）引发存货减值风险。

结论：宁德时代当前估值隐含过度乐观预期，**存在高估迹象**。

说明：因篇幅原因只展示部分回答。

第 11 章

请求建议预测指导

11.1 建议

11.1.1 建议关键词

1. 关键词提取的核心公式

关键词提取的核心公式为［角色/身份］+［面临问题］+［建议目标］+［场景/情境］。

示例拆解：

- "初入职场的应届毕业生（角色/身份）；在跨部门协作项目中（场景/情境）；缺乏有效沟通技巧（面临问题）；快速融入团队并建立良好合作关系（建议目标）。"

在这个组合中，"角色/身份"精准定位了建议的接收对象；"场景/情境"进一步细化了问题发生的具体环境，使建议更具针对性；"面临问题"清晰指出了接收者当前面临的主要难题；"建议目标"明确阐述了通过建议期望达成的效果。这样的组合有助于更全面、精准地获取针对性建议。

2. 关键词库

常用关键词如表 11-1 所示。

表 11-1　常用关键词

维度	常用关键词
角色/身份	学生、职场新人、管理者、创业者、家长等
面临问题	学习方面、职业发展、人际关系、财务规划、生活方面等
建议目标	学习提升、职业成长、人际关系改善、财务状况优化、生活品质提高
场景/情境	学习、工作、生活等

11.1.2 建议提问的 4 个句式模板

提问模板 1：针对性建议

"作为［角色／身份］，想要实现［目标］，当前［面临问题］，请给出［数量］条具体建议。"或"针对［具体问题］，你有什么［建议目标］方面的建议？"

示例：

- "作为一名刚毕业的大学生，想要快速适应职场环境，当前缺乏工作经验和职场人际资源，请给出 4 条在入职前 3 个月可实施的自我提升建议。"
- "针对学习效率低下的问题，你有什么学习提升方面的建议？"

提问模板 2：比较性建议

"针对［问题］，以下有两种建议方案：A 和 B。请比较这两种方案在［评估维度］方面的优劣，并给出最终建议。"

示例：

- "对于管理者在团队激励方面的问题，有以下两种建议方案：实施股权激励和建立绩效管理体系。请比较这两种方案在激励效果、实施难度和成本方面的优劣，并给出最终建议。"
- "最近我想提升个人英语水平，现在有以下两种方案：参加线下英语培训班和在线英语学习平台自学。请比较这两种方案在学习效果、学习灵活性和成本方面的优劣，并给出最终建议。"

提问模板 3：综合性建议

"在［面临问题］中，你认为最重要的［数量］个建议是什么？请分别说明每个建议针对的［具体问题］、［解决方案］。"

示例：

- "在职场发展中，你认为最重要的 3 个建议是什么？请分别说明每个建议针对的具体问题、解决方案。"
- "在个人财务管理中，你认为最重要的 3 个建议是什么？请分别说明每个建议针对的具体问题和解决方案。"

提问模板 4：个性化建议

"根据我的 [个人情况或需求]，你有什么 [面临问题] 方面的个性化建议？请结合我的情况详细说明。"

示例：

- "根据我目前的工作压力和健康状况，你有什么健康管理方面的个性化建议？请结合我的情况详细说明。"
- "根据我目前作为初创企业创始人的身份，面临团队扩张和资金管理的双重挑战，你有什么企业管理方面的个性化建议？请结合我的情况详细说明。"

11.1.3　建议提问案例

| 案例：职业发展 |

用户提问："作为在传统制造业从事行政工作 3 年的职场人士，想要转行新媒体运营，当前缺乏新媒体运营经验和相关知识，请给出 5 条在 6 个月内可落地的转行学习与实践建议。"

DeepSeek 回答：

⊗ 已深度思考（用时 21 秒） ⌄

针对您的背景和转行目标，以下是为您量身定制的5条可执行建议，结合制造业经验转化为竞争优势：

1. 搭建知识体系+垂直领域切入（第1~2个月）
· **系统学习**：选择网易云课堂《新媒体运营实战》+三节课《运营之光》体系课（每天1小时），重点掌握内容矩阵搭建、用户增长模型

> - **行业迁移：** 创建"智造观察局"自媒体（公众号+视频号），专注报道制造业数字化转型案例，用行政工作积累的行业认知打造差异化内容
> - **工具速成：** 用稿定设计制作行业信息图，Canva制作周报，通过制造业数据可视化开启内容创作
>
> **2. 项目实战+数据沉淀（第3~4个月）**
> - **企业联动：** 主动为现公司搭建新媒体账号体系，从拍摄车间Vlog开始，用行政协调能力推动跨部门合作
> - **数据驱动：** 每周用蝉妈妈分析3个制造业大号，制作《工业品新媒体内容策略手册》，建立垂直领域认知壁垒
> - **案例孵化：** 策划"了不起的中国制造"系列短视频，用行政工作中接触的供应链知识策划选题
>
> **3. 人际破圈 + 资源变现（第5个月）**
> - **行业渗透：** 加入中国制造网新媒体运营者圈子，定期参与机械工业出版社线上沙龙
> - **资源复用：** 将供应商资源转化为采访对象，打造"隐形冠军访谈录"专栏内容

说明：因篇幅原因只展示部分回答。

11.2 预测

11.2.1 预测关键词

1. 关键词提取的核心公式

关键词提取的核心公式为［预测领域］+［预测时间点］+［预测内容］+［依据或理由］+［可能影响］+［潜在干扰因素］。

示例拆解：

- "科技发展（预测领域）；中期（预测时间点）；人工智能领域将实现重大技术突破（预测内容）；基于当前科研投入加大及算法创新加速（依据或理由）；推动相关产业升级，提高生产效率（可能影响）；但技术伦理问题、数据安全隐患及国际科技竞争等可能成为潜在干扰因素（潜在干扰因素）。"

在这个组合中，"预测领域"精准界定了预测所涵盖的范围，"预测时间点"指出了预测的时间区间，"预测内容"阐述了预测的核心事项，"依据或理由"为预测提供了有力的支撑依据，"可能影响"详细阐述了预测结果可能引发的后果或影响，"潜

在干扰因素"则全面分析了可能影响预测结果实现的不确定因素。这样的组合能更全面、准确地传达预测需求，有助于获取更具针对性和可靠性的信息。

2. 关键词库

常用关键词如表 11-2 所示。

表 11-2　常用关键词

维度	常用关键词
预测领域	文化娱乐、教育领域、科技发展、经济市场、社会趋势、政治动态、环境变化等
预测时间点	短期、中期、长期
预测内容	用户增长数量、市场走势、技术突破、社会变革、政策调整、自然灾害等
依据或理由	历史数据、专家分析、政策导向、市场需求、技术进步等
可能影响	经济增长、产业升级、社会结构变化、政策效果、生态平衡等
潜在干扰因素	经济波动、政策变化、技术瓶颈、市场竞争、社会舆论、突发事件、国际形势变化、自然灾害频发、法律法规调整、资源短缺、人才流失、资金不足、技术替代、消费者偏好变化、供应链中断等

11.2.2　预测提问的 5 个句式模板

提问模板 1：趋势预测

"请基于［数据/模型］，预测［领域］、［指标］在［时间范围］的［变化方向］，要求［输出格式］。"

示例：

- "请基于过去 3 年的销售数据及市场调研报告，预测公司某产品线在下一财年的销售额增长情况，输出柱状图展示预测销售额与实际销售额对比。"

- "请依据员工满意度调查结果和人力资源历史数据，预测部门员工在未来半年内的离职率变化趋势，要求以折线图形式呈现预测结果。"

提问模板 2：拐点识别

"分析［领域］、［指标］的［周期特征］，预测下次［拐点类型］发生时间及触发因素。"

示例：

- "分析公司季度营收数据的周期性波动特征，预测下次营收增长拐点发生的时间窗口，并识别影响该拐点的关键业务驱动因素。"

- "基于历史客户流失率数据及其与营销活动、产品满意度的关联分析，预测下次客户流失率显著上升的拐点，并识别触发该拐点的潜在内部或外部因素。"

提问模板 3：预测对比与评估

"对于［预测领域］在［预测时间点］内的［预测内容］，有两种不同的观点：观点 A 认为［预测内容 A］，观点 B 认为［预测内容 B］。请对比这两种观点，给出你的评估及理由，并预测最可能的结果及其［可能影响］。"

示例：

- "对于经济市场在 2025 年下半年的走势，有两种不同的观点：观点 A 认为股市将大幅度上涨，观点 B 认为市场将保持平稳。请对比这两种观点，给出你的评估及理由，并预测最可能的结果及其对经济环境和投资者行为的影响。"

提问模板 4：特定事件预测

"针对［特定事件或话题］，请你预测其未来［未来时间段］

的发展趋势如何？受到哪些因素的影响？可能带来哪些结果？"

示例：

- "针对全球气候变化问题，请你预测其未来二十年的发展趋势如何？受到哪些因素的影响？可能带来哪些结果？"

提问模板 5：条件假设预测

"假设［特定条件或情景］成立，请预测［领域］、［指标］在［时间范围］的［变化方向或结果］，并分析其［可能影响或原因］。"

示例：

- "假设政府出台新的环保政策，请预测该政策对制造业污染排放量在接下来 5 年的影响，并分析其对行业竞争格局和成本结构的可能改变。"

11.2.3　预测提问案例

| 案例：科技发展 |

用户提问："假设量子计算技术取得重大突破，请预测该技术在未来 10 年内对金融行业的影响，并分析其可能带来的行业变革及潜在风险。"

DeepSeek 回答：

> ⚙ 已深度思考（用时 18 秒）∨
>
> 量子计算的突破性发展将深刻重构金融行业的底层逻辑，我将从技术渗透路径、行业重构维度及风险治理框架三个层面展开系统性分析：
>
> **一、技术渗透的阶段性演进**
>
> （1）算力跃迁周期（2025—2028年）
>
> - 量子退火机率先在组合优化领域商业化，蒙特卡洛模拟效率提升10^5量级
> - 银行间市场的利率互换定价系统实现量子协处理器混合运算
> - 芝加哥商品交易所部署量子随机数生成器，消除传统伪随机算法漏洞

---

(2) 算法革命周期（2029—2032年）

- Shor算法实用化催生量子威胁时间表前移，RSA-2048可在72小时内破解
- 变分量子本征求解器（VQE）重构信用评级模型，实现动态违约概率曲面计算
- 量子神经网络突破非结构化数据处理瓶颈，高频交易策略迭代周期缩短至分钟级

说明：因篇幅原因只展示部分回答。

11.3　方法

11.3.1　方法关键词

1. 关键词提取的核心公式

关键词提取的核心公式为［具体问题］＋［方法领域］＋［预期效果］。

示例拆解：

- "学习效率低（具体问题）；学习技巧（方法领域）；改善学习习惯（预期效果）。"

在这个组合中，"具体问题"明确了需要解决的实际状况；"方法领域"限定了寻找方法的范围；"预期效果"阐述了通过方法想要达成的目标。这样的提问有助于获取更贴合实际、更具可操作性的方法。

2. 关键词库

常用关键词如表 11-3 所示。

表 11-3　常用关键词

维度	常用关键词
具体问题	学习困难、职业发展瓶颈、人际关系紧张、财务赤字、生活作息混乱等
方法领域	时间管理、学习技巧、健康管理、财务管理、沟通技巧、减压方法、睡眠改善、忆力提升、决策分析等

（续表）

维度	常用关键词
预期效果	提高效率、改善习惯、减轻体重、节省开支、增强沟通、缓解压力、提升睡眠质量、增强记忆力、做出明智决策等

11.3.2　方法提问的 2 个句式模板

提问模板 1：快速方法推荐

"针对［具体问题］，在［方法领域］中，有哪些方法可以实现［预期效果］？"

示例：

- "针对企业员工工作效率低下的问题，在企业管理领域中，有哪些方法可以提高员工工作效率？"
- "针对孩子阅读理解能力差的问题，在教育领域中，有哪些方法可以提升孩子的阅读理解能力？"

提问模板 2：精准方法对比

"对于［具体问题］，在［方法领域］中有两种常见方法：A 和 B。在［评估维度］方面，哪种方法更适合［人群类型］，以实现［预期效果］。"

示例：

- "对于提高个人英语口语水平的问题，在语言学习领域中有两种常见方法：参加线下英语角和线上英语交流社群。在学习效果、学习灵活性和成本方面，哪种方法更适合上班族，以实现口语水平显著提升的预期效果。"
- "对于小型企业拓展市场的问题，在市场营销领域中有两种常见方法：传统广告投放和社交媒体营销。在目标受众覆盖、营销成本和市场反馈速度方面，哪种方法更适合资金有限、目标客户为年轻人的小型企业，以实现市场份额扩大的预期效果？"

11.3.3　方法提问案例

| 案例：时间管理 |

用户提问："针对上班族想利用业余时间拍短视频，在时间管理领域中，有哪些方法可以实现合理安排时间、保证短视频创作与本职工作平衡的预期效果？"

DeepSeek 回答：

针对上班族利用业余时间拍摄短视频的需求，结合时间管理领域的经典方法，以下提供一套系统性解决方案，帮助实现创作与工作的平衡：

一、时间规划体系

1. 时间审计法（Time Audit）

- 用1周时间记录每日时间流向（精确到15分钟段）
- 分析可优化时间模块（如通勤、午休、等待时间）
- 建立「碎片时间银行」：收集每日可利用的碎片时段（建议单次 ≥ 20分钟）

2. 四象限时间矩阵升级应用

- 创作任务分类：
  - **战略层**（每周2小时）：账号定位/对标分析/季度规划
  - **战术层**（每日30分钟）：热点追踪/粉丝互动/数据复盘
  - **执行层**（固定时段）：脚本撰写/拍摄剪辑/发布运营

说明：因篇幅原因只展示部分回答。

11.4　技巧

11.4.1　技巧关键词

1. 关键词提取的核心公式

关键词提取的核心公式为 [技巧类型] + [应用场景] + [目

标效果］+［实施难度］+［学习资源／推荐建议］。

示例拆解：

- "沟通技巧（技巧类型）；团队协作（应用场景）；提高沟通效率（目标效果）；简单易学（实施难度）；在线课程和书籍（学习资源）。"

在这个组合中，"技巧类型"明确了要学习的技巧类别，"应用场景"指出了技巧使用的具体环境，"目标效果"阐述了期望达到的效果，"实施难度"说明了学习该技巧的难易程度，"学习资源"则提供了获取该技巧的学习途径。这样的组合有助于全面、精准地获取特定技巧的学习和应用信息。

2. 关键词库

常用关键词如表 11-4 所示。

表 11-4　常用关键词

维度	常用关键词
技巧类型	沟通技巧、时间管理、领导力、谈判技巧、公共演讲、写作技巧、数据分析等
应用场景	职场沟通、项目管理、销售谈判、公开演讲、学术研究、软件开发、市场营销等
目标效果	提高效率、增强影响力、提升业绩、减少错误、改善关系、扩大知识面等
实施难度	简单易学、中等难度、较高难度、需专业培训等
学习资源	在线课程、书籍、工作坊、导师指导、实践项目等

11.4.2　技巧提问的 3 个句式模板

提问模板 1：快速技巧推荐

"针对［场景］，请推荐［数量］种［技巧类型］技巧。"

示例：

- "针对团队会议中时间浪费的问题，请推荐 3 种提高沟通效率的技巧。"
- "针对职场中工作压力过大的问题，请推荐 2 种有效的放松与减压技巧。"

提问模板 2：技巧对比选择

"请对比［技巧类型］技巧在［应用场景］中的［评估维度］（如效果、易用性、适用性），并给出［推荐建议］。"

示例：

- "请对比时间管理中的番茄工作法、GTD 方法和四象限法则在提升个人工作效率中的效果、易用性和适用性，并给出推荐建议。"
- "请对比线上学习中的视频课程学习法、音频课程学习法和在线互动学习法在知识吸收、学习灵活性和学习专注度方面的表现，并给出推荐建议。"

提问模板 3：技巧实施指导

"请提供［技巧类型］技巧在［应用场景］中的［实施步骤］，并指出可能遇到的［挑战］及［应对策略］。"

示例：

- "请提供公共演讲技巧在产品发布会中的应用步骤，并指出可能遇到的紧张、忘词等挑战及相应的应对策略。"
- "请提供有效沟通技巧在团队协作中的应用步骤，并指出可能遇到的沟通障碍、信息误解等挑战及相应的应对策略。"

11.4.3 技巧提问案例

| 案例：写作技巧 |

用户提问："针对学术论文写作场景，请推荐 3 种提升论文逻辑性和可读性的写作技巧。"

DeepSeek 回答：

> 已深度思考（用时 21 秒）∨
>
> 在学术论文写作中，提升逻辑性与可读性的核心在于构建清晰的思维路径。以下是 3 种经过验证的写作技巧及其具体实施方法：
>
> **1. 逻辑导航系统构建法 (Logic Mapping)**
>
> • 实施步骤：
> a. 采用"概念拓扑图"预架构论文脉络，使用思维导图工具（如XMind）建立三级逻辑节点
> b. 在引言部分植入"导航语句"，例如："本研究通过X方法验证Y假说，进而揭示Z机制，最终为解决A问题提供新视角"
> c. 每个章节结尾设置"逻辑检查点"，用2～3句话总结当前结论并预告下部分论证方向
>
> *范例：在讨论部分开篇可写道："上述实验结果证实了X因子的调控作用，接下来将结合现有理论模型，解析这种调控与Y通路之间的时空耦合关系"*
>
> **2. 三段式论证单元写作法 (TEA Structure)**
>
> • 每个论证单元遵循：
> **Topic**（主题句）：明确陈述观点/发现
> **Evidence**（证据链）：实验数据→文献支撑→理论推导

说明：因篇幅原因只展示部分回答。

11.5 工具

11.5.1 工具关键词

1. 关键词提取的核心公式

关键词提取的核心公式为［工具类型］+［应用领域］+［核心功能］+［使用条件 / 难度］。

示例拆解：

- "项目管理工具（工具类型）；软件开发（应用领域）；任务分配与进度跟踪（核心功能）；易于上手（使用难度）。"

在这个组合中，"工具类型"明确了要寻找的工具类别，"应用领域"指出了工具应用的具体场景，"核心功能"阐述了工具需要具备的主要功能，"使用难度"说明了工具上手的难易程度。这样的组合更有助于精准定位所需工具，提高工具选择的效率和准确性。

2. 关键词库

常用关键词如表 11-5 所示。

表 11-5　常用关键词

维度	常用关键词
工具类型	任务管理/协作工具、数据分析/可视化工具、AI辅助工具、设计/原型工具、自动化工具等
应用领域	远程办公、教育在线化、电商运营、开发运维、市场投放、客户服务、个人生产力等
核心功能	自动化流程、实时协作、多平台同步、智能分析、模板库、权限管理、API集成等
使用条件/难度	免费版可用、支持中文、零代码操作、隐私合规、跨设备同步、团队规模适配（如 1 ~ 50 人）

11.5.2　工具提问的 3 个句式模板

提问模板 1：快速工具推荐

"我需要解决［具体问题］，请推荐［数量］个［工具类型］，要求［核心功能+使用条件］，直接列出工具名称和关键优势。"

示例：

- "我需要管理远程团队的任务进度，请推荐 3 个支持中文且免费版可用的项目管理工具，直接列出名称和核心优势。"

提问模板 2：精准工具对比

"［工具 A］和［工具 B］哪个更适合［用户画像］在［场景］中使用？请从［功能维度 1］、［功能维度 2］和［非功能维度］进行对比分析。"

示例：

- "Notion 和 Trello 哪个更适合初创公司在项目管理中使用？请从任务管理功能、团队协作功能和易用性维度进行对比分析。"

提问模板 3：条件筛选工具

"预算［金额］以内，支持［核心功能］且［使用条件］的［工具类型］有哪些？请按［优先级排序标准］推荐。"

示例：

- "预算 500 元 / 年以内，支持自动化报表生成和数据可视化的 BI 工具有哪些？请按易用性排序推荐。"

11.5.3　工具提问案例

｜案例：客户服务工具｜

用户提问："我们是一家中小型电商公司，希望提升客户服务质量，减少客户等待时间，并提高客户满意度。请推荐 3 个支持多渠道沟通、实时响应且易于上手的客户服务工具，直接列出工具名称和关键优势。同时，预算在 1000 元 / 月以内，请按性价比排序推荐。"

DeepSeek 回答：

根据您的需求，以下是按性价比排序的3款客户服务工具推荐，均支持多渠道沟通、实时响应且月预算控制在1000元以内：

1. Freshdesk（推荐指数：☆☆☆☆☆）

• **关键优势**

　○ **多渠道集成：**支持邮件、网站聊天、微信、微博、电话及主流社交媒体（如Facebook、WhatsApp），统一管理客户咨询。

　○ **自动化与AI辅助：**自动分配工单、预设回复模板、智能机器人7×24响应，减少人工压力。

　○ **高性价比：**基础版（Growth Plan）约¥300/（坐席·月），3人团队月均¥900，满足预算。

　○ **易用性：**界面直观，无须技术背景，支持移动端实时处理工单。

2. 美洽（推荐指数：☆☆☆☆）

• **关键优势**

　○ **本土化适配：**深度集成微信、小程序、企业微信等国内高频渠道，适合国内电商场景。

　○ **灵活定价：**基础版¥499/月（含3坐席+无限客户），扩展成本低，性价比突出。

说明：因篇幅原因只展示部分回答。

11.6　思路

11.6.1　路关键词

1. 关键词提取的核心公式

关键词提取的核心公式为［问题领域］+［目标方向］+［思考角度］+［创新点］+［实施路径］。

示例拆解：

• "市场营销（问题领域）；增加品牌曝光度（目标方向）；社交媒体互动（思考角度）；利用短视频挑战赛（创新点）；制定详细活动计划、合作网红推广策略（实施路径）。"

在这个组合中，"问题领域"明确了要思考的问题的所在领域，"目标方向"指出了希望达成的目标，"思考角度"提供了思考问题的不同视角，"创新点"强调了思路中的独特性和新颖性，"实施路径"则给出了将思路转化为实际行动的具体步骤。这样的组合更有利于获取精准的问题解决思路。

2. 关键词库

常用关键词如表 11-6 所示。

表 11-6　常用关键词

维度	常用关键词
问题领域	职场瓶颈、创业启动、数字化转型、团队协作、个人品牌建设、远程办公挑战、供应链优化、教育创新等
目标方向	降本增效、模式创新、用户体验升级、快速决策、风险规避、生态构建、合规管理等
思考角度	用户痛点、技术可行性、政策趋势、竞品动态、资源整合、数据驱动、跨界融合等
创新点	新技术应用、模式创新、跨界合作、用户体验优化等
实施路径	市场调研、策略制定、团队组建、资源整合、试点推广等

11.6.2　思路提问的 3 个句式模板

提问模板 1：快速思路启发

"针对［问题领域］中的［具体问题］，从［思考角度］出发，请提供一种包含［创新点］的解决思路，并说明其［实施路径］。"

示例：

- "针对产品开发中的市场需求把握不准问题，从用户需求出发，请提供一种包含用户体验优化的解决思路，并说明其实施路径。"

- "针对教育领域中的学生学习动力不足问题，从教学方法创新角度出发，请提供一种包含游戏化学习的解决思路，并说明其实施路径。"

提问模板 2：多思路对比

"针对［问题领域］中的［具体问题］，对比以下［数量］种解决思路的［评估维度］，并推荐最优解：

思路 A——［特点］；

思路 B——［特点］。"

示例：

- "针对职场中晋升困难的问题，对比以下两种解决思路：

思路 A——在职进修提升学历。优势：显著提升专业理论水平，为长远职业发展奠定坚实基础。劣势：需投入大量时间和金钱，学习周期较长，短期内可能难以看到明显成效。

思路 B——参加行业内的专业技能培训。优势：快速掌握实用技能，短期内即可提升工作表现，有利于抓住当前晋升机会。劣势：可能缺乏系统性的理论知识，长期发展后劲不足。

请综合考虑发展前景、学习投入和时间成本后给出最优解推荐。"

提问模板 3：思路迭代优化

"现已有一个初步思路：［描述初步思路］。请从［新思考角度］进一步优化这个思路，增加［创新点］，并完善其［实施路径］。"

示例：

- "现已有一个初步思路：通过线上直播推广产品。请从市场趋势出发进一步优化这个思路，增加互动体验创新点，并完善其实施路径。"

11.6.3　思路提问案例

案例：个人品牌建设

用户提问："针对个人在社交媒体上品牌曝光度不足的问题，从用户痛点角度出发，请提供一种包含模式创新的解决思路，并说明其实施路径。"

DeepSeek 回答：

针对个人在社交媒体品牌曝光不足的问题，核心解决思路应围绕 **"降低创作门槛＋突破流量孤岛＋精准用户触达"**，通过模式创新重构传统运营逻辑。以下是简化版解决思路框架：

核心解决思路：AI驱动的"社交资产众包"模式

通过技术工具赋能内容生产、社群协作打破算法限制、数据共享实现精准匹配，将个人品牌曝光从"单兵作战"升级为"生态协同"。

关键步骤与创新点

1. 智能内容众包（解决生产瓶颈）

- 痛点：个人创作精力有限，难以持续产出高质量内容。
- 创新方案：
  - AI内容工厂：输入个人定位/关键词，自动生成多平台适配内容（图文、短视频脚本、互动问答）。
  - 模块化素材库：将内容拆解为"金句/视觉/数据"等可复用组件，用户可跨账号组合使用。
  - 案例：穿搭博主只需上传产品图，AI自动生成20种搭配方案的图文＋口播脚本。

说明：因篇幅原因只展示部分回答。

11.7　经验

11.7.1　经验关键词

1. 关键词提取的核心公式

关键词提取的核心公式为 ［经验领域］＋［具体情境］＋［关键行动］＋［获得结果］＋［经验和教训］。

示例拆解：

- "职场沟通（经验领域）；与难缠客户谈判（具体情境）；保持耐心和同理心（关键行动）；达成合作共识（获得结果）；耐心和同理心是解决复杂问题的关键（经验和教训）。"

在这个组合中，"经验领域"明确了经验所属的领域，"具体情境"描述了经验发生的具体背景，"关键行动"阐述了在经验积累过程中采取的主要行动，"获得结果"说明了行动带来的直接结果，"经验和教训"则提炼了从经验中获得的宝贵教训或启示。通过 5 个部分的结构化描述，使经验更加清晰、完整，更具操作性和借鉴意义。

2. 关键词库

常用关键词如表 11-7 所示。

表 11-7　常用关键词

维度	常用关键词
经验领域	职场发展、项目管理、团队协作、客户服务、个人成长等
具体情境	面对挑战、处理危机、解决问题、达成目标等
关键行动	积极沟通、制订计划、寻求帮助、创新思维等
获得结果	成功解决问题、提升效率、获得认可、实现目标等
经验和教训	团队合作重要性、提前规划必要性、灵活应变价值等

11.7.2　经验提问的 4 个句式模板

提问模板 1：经验避坑

"在［具体任务或项目名称］的执行过程中，你认为最常遇到的［数量］个关键陷阱是什么？能否详细描述这些陷阱的识别特征、有效的规避策略，以及可能出现的早期预警信号？"

示例：

- "在跨境电商平台运营的执行过程中，你认为最常遇到的 3 个关键陷阱是什么？能否详细描述这些陷阱的识别特征、有效的规避策略，以及可能出现的早期预警信号？"

提问模板 2：经验求助

"我现在正面临［具体问题或挑战］，请问你在类似情况下有什么宝贵的经验或建议可以提供给我作参考吗？"

或"我现在遇到了［具体问题］，需要立即解决。请直接给出［数量］个经验。"

示例：

- "我现在正面临团队士气低落、工作效率下降的问题，请问你在类似情况下有什么宝贵的经验或建议可以提供给我作参考吗？比如如何激励团队成员、提升工作积极性等。"

提问模板 3：经验分享

"你在［经验领域］中，是否经历过［具体情境］？能否分享一下你采取的［关键行动］及最终取得的［获得结果］？从这次经历中，你总结了哪些［经验和教训］？"

示例：

- "你在项目管理工作中，是否经历过项目进度严重拖延的情况？能否分享一下你采取的应对措施及最终如何成功按时交付项目？从这次经历中，你总结了哪些经验和教训？"

提问模板 4：经验对比

"在［经验领域］中，面对［情境 A］和［情境 B］这两种不同情况，你分别采取了哪些不同的［关键行动］？最终的结果及经验和教训有什么不同？"

示例：

- "在客户服务中，面对客户的投诉和客户的咨询这两种不同情况，你分别采取了哪些不同的应对策略？最终的结果及经验和教训有什么不同？"

11.7.3　经验提问案例

> **│案例：个人成长│**

用户提问： "我现在遇到了学习动力不足、难以坚持自我提升计划的问题，需要立即解决。请直接给出3个经验，帮助我克服这一挑战，实现个人成长目标。"

DeepSeek 回答：

◉　⊞ 已深度思考（用时 25 秒）∨

以下是3个经过验证的经验方法，帮助你快速突破学习动力不足的困境：

1. 触发点行动法（2分钟启动原则）
- **核心逻辑：** 大脑抗拒大任务，但能接受微小行动
- **执行步骤：** 将学习计划拆解成「2分钟内可完成」的最小行动单元
- **示例：**

  - ✖️原计划：每天背50个单词 → ✅调整为：打开单词APP完成1个词条
  - ✖️原计划：健身1小时 → ✅调整为：穿上运动鞋走到瑜伽垫上
    - **神经科学依据：** 行为启动后，大脑前额叶皮层会被激活，继续完成完整任务的可能性提升87%（《原子习惯》数据）

2. 游戏化进度追踪系统
- **视觉化工具：** 使用「像素级进度条」代替传统待办清单
- **操作方案：**

  - 创建Excel表格，横向为日期，纵向为学习项目
  - 每完成1个番茄钟（25分钟）填充1个单元格颜色

说明：因篇幅原因只展示部分回答。

11.8　提醒

11.8.1　提醒关键词

1. 关键词提取的核心公式

关键词提取的核心公式为［提醒领域］+［潜在风险］+［触发条件］+［预防措施］+［应对方案］。

示例拆解：

- "网络安全（提醒领域）；数据泄露（潜在风险）；员工误操作或外部攻击（触发条件）；定期进行安全培训、使用强密码策略（预防措施）；立即启动应急响应计划、通知相关方（应对方案）。"

在这个组合中，"提醒领域"明确了提醒所属的领域，"潜在风险"指出了可能发生的危险或不利情况，"触发条件"描述了导致潜在风险发生的具体条件或事件，"预防措施"提出了为避免潜在风险发生而采取的行动，"应对方案"则给出了在潜在风险发生后应采取的应对措施。这样的组合涵盖从风险识别到应对的完整过程，能确保提醒的精准性。

2. 关键词库

常用关键词如表 11-8 所示。

表 11-8　常用关键词

维度	常用关键词
提醒领域	网络安全、个人健康、职业发展、财务管理、日常生活等
潜在风险	数据泄露、健康危机、职业瓶颈、经济损失、安全事故等
触发条件	操作失误、环境变化、外部威胁、时间推移等
预防措施	安全培训、健康检查、技能提升、预算规划、安全检查等
应对方案	应急响应、医疗救治、职业转型、资金补救、事故处理等

11.8.2　提醒提问的 3 个句式模板

提问模板 1：风险预警

"请问在［具体活动或情境］中，可能存在哪些［潜在风险］？请列出这些风险的［触发条件］、［预防措施］及一旦发生后的［应对方案］。"

示例：

- "请问在进行户外探险活动时，可能存在哪些潜在风险？请列出这些风险的触发条件、预防措施及一旦发生后的应对方案。"

提问模板 2：日常提醒

"针对［日常活动或习惯］，请问有哪些容易被忽视的［潜在风险］？请给出相应的［预防措施］和［应对建议］。"

示例：

- "针对长时间使用电子设备，请问有哪些容易被忽视的潜在风险？请给出相应的预防措施和应对建议。"

提问模板 3：特定领域提醒

"在［提醒领域］中，有哪些常见的［潜在风险］需要特别注意？请提供针对这些风险的［预防措施］和［应对方案］。"

示例：

- "在网络安全领域中，有哪些常见的潜在风险需要特别注意？请提供针对这些风险的预防措施和应对方案。"

11.8.3　提醒提问案例

| 案例：财务管理 |

用户提问： "在自主创业过程中，针对财务管理方面，请问

有哪些常见的潜在风险需要特别注意？请提供针对这些风险的预防措施和应对方案。"

DeepSeek 回答：

🐋 ⚙ 已深度思考（用时 15 秒） ∨

在自主创业过程中，财务管理是决定企业生存和发展的核心环节。以下是常见的潜在风险、预防措施和应对方案，供创业者参考：

一、现金流管理风险

风险表现：

- 收入与支出周期不匹配，导致资金链断裂。
- 账期过长或客户拖欠账款，影响日常运营。
- 应急储备不足，无法应对突发性支出。

预防措施：

1. **定期编制现金流预测表**（3~6个月滚动预测），动态监控资金缺口。
2. **优化账期管理**：与供应商协商延长付款周期，对客户缩短收款周期（如预付款、分期付款）。
3. **储备3~6个月的应急资金**，应对突发需求。

说明：因篇幅原因只展示部分回答。

11.9 展望

11.9.1 展望关键词

1. 关键词提取的核心公式

关键词提取的核心公式为［展望领域］+［未来趋势］+［潜在机遇］+［风险与挑战］+［应对策略］。

示例拆解：

- "人工智能（展望领域）；技术持续进步（未来趋势）；智能化应用拓展（潜在机遇）；数据隐私与安全挑战（风险与挑战）；加强技术研发与合规管理（应对策略）。"

在这个组合中，"展望领域"明确了展望的具体领域，"未来趋势"指出了该领域未来的发展方向，"潜在机遇"阐述了可能带来的发展机会，"风险与挑战"指出了可能面临的问题和困难，"应对策略"则提出了应对这些挑战和风险的措施。这几个关键词共同构成了一个全面、系统且具有前瞻性的分析框架，适用于对特定领域进行深入分析和展望。

2. 关键词库

常用关键词如表 11-9 所示。

表 11-9　常用关键词

维度	常用关键词
展望领域	科技、经济、社会、文化、教育、环境、健康、农业等
未来趋势	技术、市场、政策、人口结构变化、全球化进程、数字化转型等
潜在机遇	新兴市场开拓、技术创新突破、政策红利释放、消费升级引领、跨界融合创新等
风险与挑战	技术瓶颈制约、市场竞争激烈、政策不确定性、经济波动影响、环境变化挑战等
应对策略	技术研发、市场拓展、政策应对、风险管理等

11.9.2　展望提问的 3 个句式模板

提问模板 1：未来趋势预测

"在［展望领域］中，请预测未来［时间段］的核心［未来趋势］是什么？这些趋势将催生哪些［潜在机遇］，又会带来哪些［风险与挑战］？最后给出［数量］条具体的［应对策略］。"

示例：

- "在人工智能领域中，请预测未来 3 年的核心技术趋势是什么？这些趋势将催生哪些商业化机遇，又会带来哪些伦理与法律风险？最后给出 3 条企业应对的技术合规策略。"

提问模板 2：机遇与挑战分析

"针对［展望领域］中的［具体话题］，你认为其中蕴含的［潜在机遇］有哪些？同时可能面临哪些［风险与挑战］？请给出相应的［应对策略］。"

示例：

- "针对健康领域中的远程医疗服务，你认为其中蕴含的潜在机遇有哪些？同时可能面临哪些政策不确定性的风险与挑战？请给出相应的政策应对策略。"

提问模板 3：长期展望与规划

"从长期角度看，［展望领域］将如何发展？你认为其中最重要的［未来趋势］是什么？为抓住这些趋势带来的［潜在机遇］，应提前做好哪些［应对策略］和规划？"

示例：

- "从长期角度看，环境领域将如何发展？你认为其中最重要的未来趋势是什么？为抓住这些趋势带来的跨界融合创新机遇，应提前做好哪些市场拓展和规划？"

11.9.3　展望提问案例

｜案例：健康领域｜

用户提问："在健康领域中，针对老龄化社会带来的健康服务需求增长，你认为未来 5 年最重要的未来趋势是什么？这些趋势将催生哪些跨界融合创新的潜在机遇，又会面临哪些技术瓶颈制约的风险与挑战？请给出 3 条具体的技术研发与市场拓展应对策略。"

DeepSeek 回答：

> ⊠ 已深度思考（用时 34 秒）∨
>
> **未来5年老龄化社会健康服务核心趋势与机遇挑战分析**
>
> **一、三大核心趋势**
>
> 1. **智能远程监护与居家健康管理**
>   - **技术驱动：** 5G+物联网实现生命体征实时监测（如毫米波雷达非接触式呼吸/心率检测），AI预测跌倒、心梗等风险事件。
>   - **需求痛点：** 80%老年人患慢性病，居家场景需解决用药依从性（智能药盒+AI语音提醒）、异常行为识别（独居老人长时间静止警报）等问题。
> 2. **AI驱动的精准健康干预系统**
>   - **数据融合：** 整合电子病历、可穿戴设备、基因检测数据，构建多病种关联分析模型（如糖尿病与认知衰退关联预警）。
>   - **应用场景：** 数字疗法平台提供个性化运动处方（VR太极课程）、营养方案（3D打印适老化膳食），临床验证可使慢病管理效率提升40%。
> 3. **柔性机器人重构康复护理体系**
>   - **技术突破：** 仿生肌肉驱动外骨骼帮助偏瘫患者恢复行走能力，触觉反馈护理机器人实现失能老人安全转运，2025年全球市场规模将达220亿美元。

说明：因篇幅原因只展示部分回答。

第 **12** 章

请求教育培训辅导

12.1　课件内容生成

12.1.1　课件内容生成关键词

1. 关键词提取的核心公式

关键词提取的核心公式为［课件主题］＋［教学目标］＋［受众群体］＋［内容要点］＋［风格与要求］。

示例拆解：

- "人工智能（课件主题）；理解基本概念与发展历程（教学目标）；面向大学生及科技爱好者（受众群体）；涵盖技术原理、应用领域、未来趋势及数据隐私与安全挑战（内容要点）；采用简洁明了、图文并茂的风格，注重案例分析与互动讨论（风格与要求）。"

在这个组合中，"课件主题"明确了课件的核心内容领域，"教学目标"指出了通过学习课件，学生应达到的知识或技能水平，"受众群体"描述了课件的适用对象，"内容要点"概括了课件中需要包含的主要知识点或教学环节，"风格与要求"则提出了课件的视觉呈现方式、互动形式或特殊需求。这样的组合能够确保课件内容全面且贴合需求，使课件内容的获取更加精准。

2. 关键词库

常用关键词如表 12-1 所示。

表 12-1　常用关键词

维度	常用关键词
课件主题	人工智能、初中数学二次函数、小学语文古诗词鉴赏、高中物理力学、市场营销策略、环境保护与可持续发展等
教学目标	理解 ×× 概念、掌握 ×× 技能、分析 ×× 案例、完成 ×× 任务、培养 ×× 思维／能力等

（续表）

维度	常用关键词
受众群体	小学生（低/中/高年级）、初中生、高中生、大学生、成人学员、专业人士/行业从业者等
内容要点	概念介绍、例题讲解、互动环节、例题/案例分析、实验/实践操作、互动环节等
风格与要求	简洁明了、生动有趣、字体选择、配色方案、互动性强等

12.1.2　课件内容生成提问的 2 个句式模板

提问模板 1：快速生成

"请为我制作一份关于［课件主题］的课件，适用于［受众群体］，旨在实现［教学目标］。课件内容需包括［内容要点］，并符合［风格与要求］。"

示例：

- "请为我制作一份关于'市场营销策略'的课件，适用于'大学生'，旨在实现'理解市场营销基本原理与策略应用'的教学目标。课件内容需包括'市场细分技巧、目标市场定位、营销策略实战案例'等要点，并符合'简洁明了、案例丰富'的风格与要求。"

提问模板 2：内容优化

"我已有一份关于［课件主题］的课件初稿，针对［受众群体］，希望优化［内容要点］的呈现，以更好地达成［教学目标］。请提供优化建议，同时考虑［风格与要求］。"

示例：

- "我已有一份关于'环境保护与可持续发展'的课件初稿，针对'初中生'，希望优化'环保法规阐释、绿色实践典范分析'等内容的呈现，以更好地达成'增强学生的环保认知与永续发展理念'的教学目标。请提供优化建议，同时考虑'生动有趣、图文并茂'的风格与要求。"

12.1.3 课件内容生成提问案例

| 案例：小学数学 |

用户提问： "请为我制作一份关于'分数的基本概念与运算'的课件，适用于'小学三年级学生'，旨在实现'理解分数的基本概念、掌握分数的加减运算'的教学目标。课件内容需包括'分数的概念、分数的读写、分数的加减运算规则'等要点，并符合'简洁明了、互动性强'的风格与要求。"

DeepSeek 回答：

> ❀ 88 已深度思考（用时 21 秒）⌄
>
> 以下是针对小学三年级学生设计的"分数的基本概念与运算"课件框架，符合简洁明了、互动性强的要求：
>
> **第一页：标题页**
>
> **标题：** 分数的奇妙世界
> **副标题：** 一起来认识分数吧！
> **配图：** 切分蛋糕、披萨的卡通图片
> **动画效果：** 分数符号（如1/2）从图片中弹出
>
> ────────────────
>
> **第二页：情景引入**
>
> **问题互动：**
>
> - "小明要把一个蛋糕平均分给2个小朋友，每人分到多少？"
> - "如果分给4个小朋友呢？"
>   （学生举手回答，教师用动画展示分蛋糕过程）
>   **结论：** 引出"分数是平均分的数学表达"

说明：因篇幅原因只展示部分回答。

12.2　教案自动生成

12.2.1　教案自动生成关键词

1. 关键词提取的核心公式

关键词提取的核心公式为［课程名称］+［授课时长］+［教学目标］+［教学重点与难点］+［教学方法］+［教学过程］+［特定要求］。

示例拆解：

- "'高中代数函数章节'（课程名称）；45 分钟（授课时长）；让学生理解函数的基本概念（教学目标）；重点是函数的定义域及值域求解，难点是复合函数性质的分析（教学重点与难点）；采用讲授法（教学方法）；通过生活实例引入函数概念（教学过程）；要求在讲解函数图像时结合动态演示软件，增强直观理解（特定要求）。"

这个组合全面涵盖了教案设计所需的关键信息，"课程名称"明确了教学内容，"授课时长"规划了教学时间，"教学目标"确定了教学方向，"教学重点与难点"突出了关键内容，"教学方法"说明了教学手段，"教学过程"详细规划了教学步骤，"特定要求"满足了特殊教学需求。这样的组合能够确保教案设计完整且贴合实际教学情况。

2. 关键词库

常用关键词如表 12-2 所示。

表 12-2　常用关键词

维度	常用关键词
课程名称	"写作""阅读课"等
授课时长	15 分钟、45 分钟、60 分钟、90 分钟等

（续表）

维度	常用关键词
教学目标	让学生掌握××知识、培养学生××能力、提升学生××素养等
教学重点与难点	重点是××、难点是××等
教学方法	讲授法、讨论法、案例分析法、小组合作学习法等
教学过程	导入（故事导入、问题导入等）、新课讲解、课堂训练、课堂小结、布置作业等
特定要求	互动问题、小组合作活动、对比分析环节等

12.2.2　教案自动生成提问的 4 个句式模板

提问模板 1：基础教案生成

"请为［课程名称］设计一份［授课时长］的教案，包含教学目标、教学重点与难点、教学方法、教学过程。"

示例：

- "请为'古诗词鉴赏'设计一份 90 分钟的教案，包含教学目标、教学重点与难点、教学方法、教学过程（导入、新课讲解、课堂互动、课堂小结、布置作业）。"

提问模板 2：特定教学环节教案生成

"请为［课程名称］设计一个［授课时长］的［特定教学环节］教案，要求［具体要求］，教案中需包含［特定内容］。"

示例：

- "请为小学科学课程'植物的生长'设计一个 10 分钟的实验观察环节教案，要求引导学生通过观察植物生长过程，理解生长条件对植物的影响，教案中需包含一个实验记录表和观察指导。"

提问模板 3：跨学科融合教案生成

"请为［跨学科融合课程名称］设计一份［授课时长］的教案，要求涵盖［不同学科知识要点］，教案需包含［特定教学活动］，［活动具体要求］。"

示例：

- "请为中学地理与历史融合课'地理环境与古代文明'设计一份 80 分钟的教案，要求涵盖地理环境对古代文明形成和发展的影响。教案需包含一个角色扮演活动，让学生扮演不同古代文明的角色，探讨地理环境对其文明特征的影响，并在课堂上进行展示和讨论。"

提问模板 4：复杂主题教案生成

"请为［课程名称］设计一份［授课时长］的教案，要求详细讲解［复杂主题内容要点］，教案中包括［特定教学环节］，［环节具体要求］。"

示例：

- "请为高中生物课程'遗传与变异'设计一份 100 分钟的教案，要求详细讲解遗传规律、变异类型及其在生物进化中的意义。教案中包括一个实验设计环节，让学生设计一个简单的遗传实验，预测结果并分析其科学原理，最后进行实验结果的分享和讨论。"

12.2.3　教案自动生成提问案例

案例：高中函数证明教案生成

用户提问："请为'高中函数证明'设计一份 60 分钟的教案，包含教学目标、教学重点与难点、教学方法、教学过程

（导入、讲解、课堂训练、课堂小结）。"

DeepSeek 回答：

> ⚙ 已深度思考（用时 27 秒） ∨
>
> **"高中函数证明"教案设计（60分钟）**
>
> **一、教学目标**
>
> **1. 知识与技能**
> - 掌握函数证明的基本方法（如定义法、图像法、导数法）。
> - 能运用数学语言严谨地表述证明过程，理解逻辑推理的步骤。
>
> **2. 过程与方法**
> - 通过典型例题分析，培养学生从特殊到一般的归纳能力和逆向思维能力。
> - 通过小组讨论，提升合作探究与问题分析能力。
>
> **3. 情感态度与价值观**
> - 增强学生对数学逻辑的兴趣，体会数学证明的严谨性与美感。
> - 培养克服困难、细致思考的学习态度。
>
> **二、教学重点与难点**

说明：因篇幅原因只展示部分回答。

12.3 设计教学活动

12.3.1 设计教学活动关键词

1. 关键词提取的核心公式

关键词提取的核心公式为［活动类型］+［活动目标］+［参与对象］+［活动内容］+［活动要求］。

示例拆解：

- "实验操作（活动类型）；掌握化学实验基本操作技能（活动目标）；面向初中化学学生（参与对象）；进

行酸碱中和反应实验，记录实验现象和数据（活动内
容）；要求严格遵守实验安全规则，撰写实验报告（活
动要求）。"

在这个组合中，"活动类型"明确了教学活动的形式，"活
动目标"指出了通过活动学生应获得的学习成果，"参与对象"
描述了活动的适用对象，"活动内容"概括了活动的主要环节或
任务，"活动要求"则提出了活动的具体执行标准或成果展示方
式。这样的组合能够确保教学活动设计合理、有效，并贴合教
学需求。

2. 关键词库

常用关键词如表 12-3 所示。

表 12-3　常用关键词

维度	常用关键词
活动类型	小组讨论、角色扮演、案例分析、实验操作、项目研究、竞赛活动等
活动目标	深化理解、培养技能、提升素养、激发兴趣、增强合作等
参与对象	小学生（低 / 中 / 高年级）、初中生、高中生、大学生、成人学员等
活动内容	主题探讨、问题解决、创意设计、实践操作、成果展示等
活动要求	时间限制、成果形式、评价标准、互动方式等

12.3.2　设计教学活动提问的 3 个句式模板

提问模板 1：基础活动设计

"请帮我设计一个［活动类型］的教学活动，适用于［参与
对象］，旨在实现［活动目标］。活动内容需包括［活动内容］，
并符合［活动要求］。"

示例：

- "请帮我设计一个小组讨论的教学活动，适用于高中生，旨在实现提升对文学作品鉴赏能力的活动目标。活动内容需包括分组讨论经典小说中的人物形象塑造手法，并符合每组需推选一名记录员，整理讨论要点，最后形成一份小组讨论报告提交的活动要求。"

提问模板 2：特定主题活动设计

"请帮我设计一个关于［特定主题］的［活动类型］教学活动，针对［参与对象］，希望达成［活动目标］。活动需涵盖［具体内容］，并满足［活动要求］。"

示例：

- "请帮我设计一个围绕传统节日文化的角色扮演教学活动，面向小学生群体，期望达成提升他们对传统节日认知与喜爱程度的目标。活动要包含模拟春节、端午节等节日场景，安排学生分别扮演不同角色来展示节日习俗，保证每名学生至少参与一个节日场景的扮演。活动结尾设置简单的节日知识问答环节。"

提问模板 3：跨学科活动设计

"请帮我设计一个跨学科的［活动类型］教学活动，结合［不同学科知识］，针对［参与对象］，旨在实现［活动目标］。活动内容需融合［学科知识点］，并符合［活动要求］。"

示例：

- "请帮我设计一个跨学科项目研究教学活动，结合历史和美术知识，针对高中生。旨在实现让学生通过艺术创作来呈现历史文化。活动内容需融合特定历史时期的文化特点和艺术表现方式。学生得分组收集资料、搞艺术创作。"

12.3.3　设计教学活动提问案例

| 案例：环保主题活动设计 |

用户提问："请帮我设计一个'绿色校园，环保先行'的实践活动，针对初中生，希望达成提升学生环保素养与动手能力的活动目标。活动需涵盖校园清洁活动、废旧物品创意改造等内容，每名学生需参与至少一个活动，活动结束后每名学生需提交一份个人环保实践报告。"

DeepSeek 回答：

> ⊛ 已深度思考（用时 34 秒）∨
>
> 以下是为初中生设计的"绿色校园，环保先行"实践活动方案，涵盖活动目标、流程、内容及评价方式，注重可行性与学生参与度：
>
> **一、活动目标**
>
> 1. **提升环保素养**：通过实践理解环保重要性，学习垃圾分类、资源再利用等知识。
> 2. **培养动手能力**：通过创意改造激发创造力，锻炼手工技能。
> 3. **强化责任感**：以校园清洁行动增强学生维护环境的责任感。
> 4. **团队协作意识**：通过分组任务促进合作与交流。
>
> **二、活动流程与内容**
>
> **第一阶段：活动准备（提前1周）**
>
> - **宣传动员**
>   - 班会课播放环保短片（如《塑料海洋》片段），引发学生兴趣。
>   - 发布"废旧物品收集令"：学生携带家中废弃纸盒、塑料瓶、旧衣物等（需清洁）。

说明：因篇幅原因只展示部分回答。

12.4 错题自动分析

12.4.1 错题自动分析关键词

1. 关键词提取的核心公式

关键词提取的核心公式为［学科领域］+［错题类型］+［错误描述］+［错误原因］+［知识点关联］+［改进建议］。

示例拆解：

- "数学（学科领域）；计算错误（错题类型）；在进行有理数混合运算时，将减法误当作加法计算（错误描述）；粗心大意导致符号错误（错误原因）；与有理数运算知识点关联（知识点关联）；建议加强符号运算练习，提高细心程度（改进建议）。"

2. 关键词库

常用关键词如表 12-4 所示。

表 12-4　常用关键词

维度	常用关键词
学科领域	数学、语文、英语、物理、化学等
错题类型	计算错误、概念混淆、理解偏差、书写错误等
错误描述	题目内容、错误答案、解题过程等
错误原因	粗心大意、知识掌握不牢、解题思路错误等
知识点关联	与 ×× 知识点相关、涉及 ×× 定理/公式等
改进建议	加强 ×× 练习、复习 ×× 知识点、总结解题思路等

12.4.2 错题自动分析提问的 5 个句式模板

提问模板 1：基础错题分析

"请帮我分析以下错题：［错题描述］。请指出其中的错误原因，并针对该知识点提供正确的解题思路和有效的防错策略。"

示例：

- "请帮我分析以下错题：在解方程 $4x+3=5x-2$ 时，我将 $4x$ 移到等号右边变成了 $3x$，导致最后结果错误。请指出其中的错误原因，并针对该知识点提供正确的解题思路和有效的防错策略。"

提问模板 2：深入错题解析

"对于以下错题：［错题描述］，我已初步了解错误原因。请进一步深入解析，详细阐述该题涉及的知识点、易错点及如何避免类似错误，并提供至少［数量］种不同的解题方法。"

示例：

- "对于以下错题：在计算 1/2+1/3 时，我直接相加得到 2/5，我已初步了解错误原因。请进一步深入解析，详细阐述该题涉及的知识点、易错点及如何避免类似错误，并提供至少两种不同的解题方法。"

提问模板 3：错题归类与总结

"请帮我分析以下一系列错题：［错题列表］。请对这些错题进行归类，总结出共同的错误原因和知识点漏洞，并提供有针对性的复习建议和防错策略。"

示例：

- "请帮我分析以下一系列错题。错题 1：在计算三角形面积时，忘记除以 2；错题 2：在解比例方程 $3x=65$ 时，交叉相乘后计算错误；错题 3：在化简比 1/2：1/8 时，没有化到最简形式。请对这些错题进行归类，总结出共同的错误原因和知识点漏洞，并提供有针对性的复习建议和防错策略。"

提问模板 4：特定知识点错题分析

"请针对［学科领域］中［特定知识点］相关的错题进行自动分析，明确［错题类型］，分析［错误原因］，并给出［改进建议］。"

示例：

- "请针对数学中二元一次方程相关的错题进行自动分析，明确错题类型，分析错误原因，并给出改进建议。"

提问模板 5：错题对比分析

"请对［学科领域］中［两道类似错题］进行自动对比分析，找出［差异点］与［相同错误原因］，关联［相关知识点］，并分别给出［改进建议］。"

示例：

- "请对数学中两道类似错题进行自动对比分析，找出差异点与相同错误原因，关联相关知识点，并分别给出改进建议。

错题 1：在解不等式 $3x-2>4x+2$ 时，移项得到 $3x-4x>2+2$，但最后求解时符号方向弄反。

错题 2：在解不等式 $-2x+1<3x-4$ 时，移项正确，但在两边同时除以 -3 时，没有改变不等号方向。"

12.4.3 错题自动分析提问案例

| 案例：语文错题分析 |

用户提问： "请对李白的《早发白帝城》鉴赏错题进行自动分析，描述在鉴赏诗词意境时，错误地将欢快意境理解为悲凉意境的情况，找出理解偏差的错误原因，关联诗词意境把握知

识点，并给出提升古诗词鉴赏能力的改进建议。"

DeepSeek 回答：

说明：因篇幅原因只展示部分回答。

12.5 自动批改作业

12.5.1 自动批改作业关键词

1. 关键词提取的核心公式

关键词提取的核心公式为［学科］+［作业类型］+［期望功能］+［使用场景］。

示例拆解：

- "数学（学科）；应用题作业（作业类型）；精准批改并给出详细解题思路（期望功能）；在家辅导孩子作业时（使用场景）。"

在这个组合中，"学科"指明了作业所属科目，"作业类型"

明确了具体作业形式，"期望功能"清晰阐述了对自动批改的要求，"使用场景"强调了应用环境。这样的组合能够助力更精准地得到契合需求的自动批改作业建议。

2. 关键词库

常用关键词如表 12-5 所示。

表 12-5　常用关键词

维度	常用关键词
作业类型	选择题、填空题、简答题、作文、计算题、应用题、阅读理解题
期望功能	自动打分、正误判断、给出答案、提供解题步骤、分析错误原因、进行知识点关联、给出相似题目练习
使用场景	学校课堂教学、课后家庭作业辅导、在线教育平台、培训机构教学、学生自主学习

12.5.2　自动批改作业提问的 3 个句式模板

提问模板 1：基础作业批改请求

"请帮我自动批改 [学科] 的 [作业类型] 作业，作业内容如下：[粘贴作业原文]，请给出批改结果。"

示例：

- "请帮我自动批改数学学科的计算题作业，作业内容如下：[1. $3x+5=14$，求解 x；2.（2+3）×4–7=？]，请给出批改结果。"

- "请帮我自动批改英语学科的填空题作业，作业内容如下：[1. I ____（go）to school by bike every day. 2. She ____（have）a beautiful dress.]，请给出批改结果。"

- "请帮我自动批改语文学科的古诗词默写作业，作业内容如下：[默写李白的《静夜思》]，请给出批改结果。"

提问模板 2：功能拓展型批改请求

"我有一份［学科］的［作业类型］作业，内容为［粘贴作业原文］，除了批改对错，还希望能实现［期望功能］，如提供解题思路、标注知识点等，请给出批改结果。"

示例：

- "我有一份数学学科的应用题作业，内容为［小明买了 3 支铅笔，每支 2 元，又买了一个 5 元的笔记本，问共花了多少钱？］，除了批改对错，还希望能提供解题思路，请给出批改结果。"

- "我有一份英语学科的阅读理解作业，内容为［文章内容……］，除了批改对错，还希望能标注出文章中的重点语法知识点，请给出批改结果。"

- "我有一份语文学科的作文作业，内容为［作文原文……］，除了批改对错，还希望能从写作结构、语言表达方面给出改进建议，请给出批改结果。"

提问模板 3：特殊场景下的批改请求

"在［使用场景］下，我需要批改这份［学科］的［作业类型］作业，作业内容是［粘贴作业原文］，考虑到［场景相关特殊情况，如学生水平、时间限制等］，请给出合适的批改结果。"

示例：

- "在课后辅导小学生数学作业的场景下，我需要批改这份数学学科的基础运算题作业，作业内容是［12+3 ＝？，9–5＝？等简单运算］，考虑到小学生理解能力有限，希望批改结果能以简单易懂的方式呈现，请给出批改结果。"

- "在在线教育平台批改初中生英语作业的场景下，我需要批改这份英语学科的语法选择题作业，作业内容是

［1. ——＿＿＿ is your father? ——He is a doctor. A. What B. Who C. Where……］，考虑到学生需要快速复习知识点，希望批改结果能关联对应的语法讲解链接，请给出批改结果。"

12.5.3　自动批改作业提问案例

| 案例：高中语文翻译批改 |

用户提问："在学校课堂快速批改高中生语文学科的文言文翻译作业的场景下，作业内容是［将'学而时习之，不亦说乎'翻译成现代汉语］，考虑到课堂时间有限，希望能快速得到批改结果及常见错误总结，请给出批改结果。"

DeepSeek 回答：

在快速批改高中生语文学科的文言文翻译作业时，针对句子"学而时习之，不亦说乎"的翻译，以下是一些常见的错误总结及批改结果：

1. 正确翻译：

- "学习并且时常复习，不也是很快乐的吗？"
- "学习并经常复习，不也很愉快吗？"

2. 常见错误：

- **错误 1**：将"学而时习之"翻译为"学习然后复习它"。
  - **批改**：这里的"而"表示并列关系，不是时间顺序，应翻译为"并且"或"并"。
- **错误 2**：将"不亦说乎"翻译为"不也是说吗？"。
  - **批改**："说"在这里是"悦"的通假字，意思是"快乐"或"愉快"，应翻译为"不也是很快乐的吗？"。
- **错误 3**：忽略"之"的指代作用，直接翻译为"学习并且时常复习，不也是很快乐的吗？"。
  - **批改**：虽然"之"在这里可以省略不译，但明确指出"之"指代"学习的内容"会更准确。

3. 批改结果：

- **正确示例**："学习并且时常复习，不也是很快乐的吗？"
- **错误示例**："学习然后复习它，不也是说吗？"（错误 1 和错误 2）
- **改进建议**：在翻译时，注意文言文中的虚词和通假字的正确理解，确保翻译的准确性和流畅性。

通过以上批改结果和常见错误总结，教师可以快速了解学生的翻译水平，并针对性地进行指导。

说明：因篇幅原因只展示部分回答。

12.6 整理学习笔记

12.6.1 整理学习笔记关键词

1. 关键词提取的核心公式

关键词提取的核心公式为 [学习内容]+[笔记形式]+[整理目的]+[使用场景]。

示例拆解：

- "心理学基础（学习内容）；思维导图形式（笔记形式）；方便复习与回顾（整理目的）；备考心理学考试（使用场景）。"

在这个组合中，明确"学习内容"让我们聚焦心理学基础知识，"笔记形式"选择了直观的思维导图，"整理目的"明晰了是方便日后的复习与回顾，"使用场景"则强调了是为了备考心理学考试。这样的组合有助于更有条理、高效地整理学习笔记。

2. 关键词库

常用关键词如表 12-6 所示。

表 12-6 常用关键词

维度	常用关键词
学习内容	编程语言、历史文献、科学实验、数学公式、文学作品、管理理论、心理学基础、法律知识
笔记形式	文字摘要、思维导图、图表展示、录音笔记、视频回顾、PPT 总结
整理目的	加深理解、方便记忆、快速回顾、知识整合、灵感记录、团队协作
使用场景	日常复习、备考考试、项目汇报、论文撰写、教学辅助、知识分享

12.6.2　整理学习笔记提问的 3 个句式模板

提问模板 1：笔记使用场景适应性优化

"我已经整理了一份关于［学习内容］的笔记，但发现它在［使用场景］（如备考、项目汇报、论文撰写等）下并不完全适用。请问，我应该如何调整笔记的内容、形式或结构，以更好地满足［使用场景］的需求？"

示例：

- "我已经整理了一份关于数学公式的笔记，但发现它在备考时不够简洁明了。请问，我应该如何精简笔记内容，并添加必要的解题技巧和注意事项，以提高备考效率？"

- "我已经整理了一份关于管理理论的笔记，但发现它在项目汇报时不够直观和生动。请问，我应该如何运用表格、图片或动画等多媒体元素，以增强笔记的视觉效果和吸引力？"

- "我已经整理了一份关于文学作品的分析笔记，但发现它在论文撰写时缺乏深度和广度。请问，我应该如何扩展笔记内容，并引用相关文献和理论来支持自己的观点和分析？"

提问模板 2：笔记内容组织求助

"我正在整理关于［学习内容］的笔记，目标是［整理目的］。请问如何有效地组织笔记内容，使其既全面又突出重点？"

示例：

- "我正在整理心理学基础的笔记，目标是方便复习和备考。请问，如何根据考试大纲和知识点的重要性，有效地组织笔记内容？"

- "我正在整理文学作品的分析笔记，希望突出主题和人物特点。请问，如何根据作品的结构和情节发展，合理地安排笔记的章节和段落？"

提问模板 3：笔记内容组织与优化

"我正在学习［学习内容］，想整理一份结构清晰、重点突出的笔记。请问，如何有效地组织笔记内容，以便更好地理解和记忆知识点，同时方便日后查阅和复习？"

示例：

- "我正在学习生物学细胞结构，想整理一份条理清晰的笔记。请问，如何按照细胞器的功能和相互作用来组织笔记内容？"

- "我正在学习编程，想整理一份包含代码示例和注释的笔记。请问，如何组织代码段和注释，以便更好地理解和复用代码？"

12.6.3 整理学习笔记提问案例

案例：高等数学公式整理

用户提问："我正在复习高等数学，发现公式和定理很多。请问，如何有效地分类和整理这些公式和定理，以便快速查找和应用？"

DeepSeek 回答：

> **一、分阶段整理：从零散到系统**
>
> **阶段1：初步分类（按章节/知识点）**
>
> - **按教材章节**：将公式定理按教材目录分类（如"极限与连续""导数与微分""积分"等），确保覆盖所有内容。
>
> - **标记优先级**：用颜色标签区分重点公式（如红色=必考定理，黄色=高频应用公式，绿色=辅助推导公式）。

阶段2：建立联系（跨章节整合）

- 绘制知识网络图：用思维导图串联相关知识点。
  - **例如**：将"导数"与"微分中值定理""泰勒公式"连接，标注它们的关系（如"泰勒公式是导数的推广"）。
- 整理"公式组"：将功能相似的公式归类。
  - **例如**：积分公式组（基本积分法、分部积分、换元积分）、级数收敛性判定组（比较判别法、比值判别法、根值判别法）。

阶段3：实战化整理（结合题目）

- 绑定典型例题：每个定理/公式后附1～2道经典例题，标注解题思路。
  - **例如**：罗尔定理后附"证明方程在某区间有根"的例题。
- 整理"解题模板"：将高频题型的解题步骤固化。
  - **例如**：求极限的通用步骤：①化简表达式；②判断类型（0/0、∞/∞）；③选择洛达/泰勒展开/等价无穷小。

二、笔记内容设计：让公式定理"活起来"

1. 公式定理的标准化记录

- 公式部分：

说明：因篇幅原因只展示部分回答。

12.7　梳理考试重点

12.7.1　梳理考试重点关键词

1. 关键词提取的核心公式

关键词提取的核心公式为［考试科目］+［考试类型］+［复习阶段］+［重点识别方法］+［评估指标］。

示例拆解：

- "高等数学（考试科目）；期末考试（考试类型）；一轮复习（复习阶段）；历年真题分析法（重点识别方法）；考点覆盖率（评估指标）。"

在这个组合中，明确"考试科目"让我们聚焦于特定的知识领域，"考试类型"帮助我们了解考试的性质和要求，"复习阶段"指出了当前所处的备考阶段，"重点识别方法"提供了梳理重点的具体手段，"评估指标"用来衡量所梳理重点的有效性和全面性。这样的组合有助于更系统地获取有针对性的复习建议。

2. 关键词库

常用关键词如表 12-7 所示。

表 12-7　常用关键词

维度	常用关键词
考试类型	期中考试、期末考试、资格考试、入学考试、等级考试
复习阶段	一轮复习、二轮强化、冲刺阶段、模拟测试
重点识别方法	历年真题分析法、考试大纲对照法、名师画重点、高频考点归纳法
评估指标	考点覆盖率、题目难度匹配度、复习时间效率、成绩提升幅度、知识掌握牢固度、解题技巧熟练度

12.7.2　梳理考试重点提问的 3 个句式模板

提问模板 1：重点梳理需求明确

"我正在准备［考试科目］的［考试类型］，目前处于［复习阶段］，希望梳理出考试的重点内容。请基于［重点识别方法］，并考虑［评估指标］，帮我明确梳理的方向和策略。"

示例：

- "我正在准备托福考试，目前处于冲刺阶段，希望梳理出听力和阅读部分的高频考点。请基于考试大纲对照法和高频考点归纳法，并考虑复习时间效率和成绩提升幅度，帮我明确梳理的方向和策略。"

- "我正在准备金融专业的资格考试，目前处于二轮强化阶段，希望梳理出实验题和计算题的重点。请基于名师画重点和历年真题分析法，并考虑知识掌握牢固度和解题技巧熟练度，帮我明确梳理的方向和策略。"

提问模板 2：重点梳理方法对比

"在准备［考试科目］的［考试类型］时，我想对比［数量］种不同的重点梳理方法，请从［评估指标］的角度给出建议，并推荐最适合我的方法。"

示例：

- "在准备化学的期末考试时，我想对比历年真题分析法和考试大纲对照法两种重点梳理方法。请从考点覆盖率和复习时间效率的角度给出建议，并推荐最适合我的方法。"

- "在准备会计从业资格考试时，我想对比高频考点归纳法和名师画重点两种重点梳理方法。请从知识掌握牢固度和题目难度匹配度的角度给出建议，并推荐最适合我的方法。"

提问模板 3：重点梳理进度规划

"我正在准备［考试科目］的［考试类型］，计划在［时间范围］内完成重点内容的梳理。请基于我的复习进度和［重点识别方法］，帮我制订一个详细的梳理计划，并给出每个阶段的［评估指标］。"

示例：

- "我正在准备地理的期末考试，计划在两周内完成重点内容的梳理。请基于历年真题分析法，帮我制订一个详细的梳理计划，并给出每个阶段的考点覆盖率和复习时间效率评估指标。"

12.7.3 梳理考试重点提问案例

案例：高等数学考试重点梳理

用户提问："我正在准备高等数学的期末考试，目前处于一轮复习阶段，希望梳理出考试的重点章节和题型。请基于历年真题分析法，并考虑考点覆盖率和题目难度匹配度，帮我进行梳理。"

DeepSeek 回答：

根据历年真题分析法和教学经验，我将从考点覆盖率、题型分布、难度梯度 3 个维度为你梳理高等数学期末考试的重点内容。以下为系统化复习框架：

一、高频核心章节（覆盖80%以上分值）

1. 函数与极限

- **重点题型：**
  - 极限计算（洛必达法则、泰勒展开、等价无穷小替换）
  - 连续性判断与间断点分类
  - 夹逼准则求极限（尤其含 n 项和或递推式）
- **难度匹配：** 中低难度（基础分必须拿满）

2. 导数与微分

- **重点题型：**
  - 隐函数/参数方程高阶导数计算
  - 微分中值定理证明（罗尔、拉格朗日、柯西定理）
  - 函数单调性、极值与凹凸性综合应用题
- **难度梯度：** 中值定理证明题难度较高（需强化构造辅助函数技巧）

3. 积分学

- **核心考点：**
  - 定积分计算（换元法、分部积分、对称性技巧）
  - 反常积分收敛性判断（比较判别法）
  - 积分应用（旋转体体积、弧长、物理应用题）

说明：因篇幅原因只展示部分回答。

12.8　帮助辅导作业

12.8.1　帮助辅导作业关键词

1. 关键词提取的核心公式

关键词提取的核心公式为［学科领域］+［作业类型］+［孩子特点］+［辅导目标］+［评估标准］。

示例拆解：

- "小学数学（学科领域）；应用题（作业类型）；孩子逻辑思维较弱（孩子特点）；提高解题能力（辅导目标）；一个月内见成效（评估标准）。"

在这个组合中，明确"学科领域"让我们聚焦具体的学科知识，"作业类型"指出了需要辅导的具体内容，"孩子特点"帮助我们了解孩子的优势和不足，"辅导目标"明晰了我们的期望成果，"评估标准"强调了效果的衡量方式。这样的组合有助于更精确地获取有针对性的辅导建议。

2. 关键词库

常用关键词如表 12-8 所示。

表 12-8　常用关键词

维度	常用关键词
作业类型	基础练习、应用题、阅读理解、作文、实验报告、背诵默写、项目作业
孩子特点	注意力不集中、记忆力较差、逻辑思维强、数学天赋高、对某学科有浓厚兴趣
辅导目标	提高解题速度、增强理解能力、提升写作水平、掌握基础知识、培养学习兴趣、准备竞赛考试
评估标准	成绩提升幅度、学习态度改善、解题技巧掌握、知识点掌握程度、时间管理能力、自信心增强

12.8.2　帮助辅导作业提问的 4 个句式模板

提问模板 1：学科作业辅导策略

"针对［学科领域］的［作业类型］，孩子［孩子特点］，希望达成［辅导目标］，请提供［数量］种辅导策略，并说明每种策略的有效性评估标准。"

示例 1：

- "针对小学数学的作业练习，孩子对应用题理解困难，希望提高解题速度和正确率，请提供 3 种辅导策略，并说明每种策略对提高解题能力的有效性评估标准。"
- "针对初中语文的阅读理解作业，孩子阅读速度慢且理解能力较弱，希望能在期末考试中提升阅读成绩，请提供 2 种辅导策略，并明确每种策略对提高阅读速度和理解能力的有效性评估标准。"

提问模板 2：个性化辅导方案定制

"根据［孩子特点］，在［学科领域］的［作业类型］上，希望实现［辅导目标］，请设计一个个性化的辅导方案，包括辅导内容、方法、时间安排及预期效果评估。"

示例：

- "孩子活泼好动，对科学实验感兴趣，但在物理作业上缺乏耐心，希望提高物理学习兴趣和成绩，请设计一个结合实验操作的物理作业辅导方案，并说明预期的学习效果评估方式。"
- "孩子对英语写作缺乏兴趣，作文结构混乱，希望激发写作热情并提高写作能力，请设计一个英语写作辅导方案，包括主题选择、写作技巧训练和时间规划，以及最终的写作成果评估标准。"

提问模板 3：作业难题即时解答

"在［学科领域］的［作业类型］中，孩子遇到以下难题
［具体描述难题］，请提供详细的解答步骤和思路，并说明如何
帮助孩子理解并掌握这类题目的解题方法。"

示例：

- "在数学作业中，孩子对分数加减法运算感到困惑，尤其
  是通分和约分环节，请提供几个典型题目的详细解答步
  骤，并说明如何引导孩子理解分数运算的基本规则。"

- "在语文作业中，孩子对古诗词鉴赏感到难以理解，请针
  对一首具体的古诗词，提供详细的鉴赏分析和解题步骤，
  并说明如何帮助孩子提高古诗词鉴赏能力。"

提问模板 4：辅导效果跟踪与调整

"在辅导［学科领域］的［作业类型］过程中，已实施［具
体辅导策略］，但孩子［当前表现］，请分析可能的原因，并提
出调整辅导策略的建议，以及后续跟踪辅导效果的评估方法。"

示例：

- "在辅导孩子数学作业时，已采用错题整理和定期复习策
  略，但孩子成绩提升不明显，请分析可能的原因，并提
  出新的辅导策略，如增加针对性练习或引入游戏化学习
  方式，并说明如何跟踪辅导效果。"

- "在辅导孩子英语阅读理解时，已采用精读和泛读结合的
  方法，但孩子阅读速度仍然较慢，请分析可能的原因，
  如词汇积累不足或阅读技巧欠缺，提出相应的调整建议，
  并明确后续的阅读速度和理解能力评估方法。"

12.8.3　帮助辅导作业提问案例

| 案例：英语作业辅导 |

用户提问： "在英语作业中，孩子对时态变化感到混乱，尤其是在写作中运用时态时出错较多，请针对几个常见的时态变化，提供详细的解释和例句，并说明如何帮助孩子在写作中正确运用时态。"

DeepSeek 回答：

在英语写作中，时态的正确运用是表达时间关系和逻辑连贯的关键。以下是针对孩子常见的时态变化问题的详细解释、例句以及帮助孩子正确运用时态的建议：

一、常见时态详解与例句

1. 一般现在时（Simple Present）

- **用法：** 表示习惯性动作、普遍真理或当前状态

- **结构：** 主语 + 动词原形（第三人称单数加-s/es）

- **例句：**

  - She **reads** books every evening.（习惯性动作）

  - The sun **rises** in the east.（普遍真理）

2. 一般过去时（Simple Past）

- **用法：** 表示过去发生的动作或状态。

- **结构：** 主语 + 动词过去式（规则动词加-ed，不规则动词需记忆）

- **例句：**

  - He **visited** his grandparents last weekend.（过去动作）

  - They **were** happy at the party.（过去状态）

3. 一般将来时（Simple Future）

- **用法：** 表示将来要发生的动作或状态

- **结构：** 主语 + will/shall + 动词原形

- **例句：**

  - I **will call** you tomorrow.（将来动作）

说明：因篇幅原因只展示部分回答。